知の情報システム

リスク計算とキャリアデザイン

福井幸男［著］

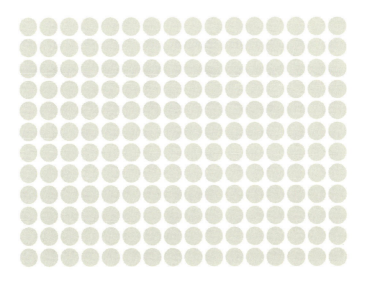

日科技連

まえがき

　筆者は関西学院大学商学部の教員であるが、実はキャリアセンタープログラム室長を兼任している。かつて全国の私大で就職部と称されていた部署が、現在では、キャリアセンターという名称に変更されている。これは筆者の本務校だけでなく全国の大学でも同様である。

　大学の使命の一つに学生を社会に送り出すこと、つまり就職させることがある。これは非常に重要な問題である。大学生活の4年間は単なる人生の通過点ではない。大人として今後生きるうえで大切なことを学ぶ時間である。例えば、筆者の本務校では、「自分が社会でどう生きていくのか」、および「将来はどのようなキャリアを積んでいきたいのか」を考えるライフデザイン科目を開講している。そこではまず、「社会にはどのような仕事があり、その仕事に就くために求められる総合的な能力は何か」をふだんの交流を通じて学生に理解させている。

　筆者の本務校では、さらにインターシップ実習科目を配置し、職場体験や実際に社会で働く人との交流を通して、社会で働くことの意味を学ばせている。また、OBやOGを中心にビジネスパーソンを多数講師に招いて、働くことの意義を親近感をもたせてより実感させている。キャリアセンターの主催する「霞が関セミナー」では、中央官庁希望者に対して東京での合宿を開催し、若手官僚のOBやOGとの交流会を開催している。「学生が、自ら将来のキャリア設計を考え、卒業後はその構想に向かって自分の人生を確実に歩んでほしい」という強い願いがこうしたプログラムにはある。

　これには社会的、経済的状況が背景にある。具体的には「雇用環境が近年激変したこと」「終身雇用や年功賃金が見直されてきたこと」「社員を丸抱えで企業が育てる慣行はなくなったこと」などが挙げられる。例えば、かつての阪急電鉄は大卒社員を一年間現場に派遣して電車の運転手の見習い業務もさせていた。若い彼らにさまざまな現場を順番に体験させる余裕があったのである。今ではこの慣行は廃止され、入社時に配属先を決め、その部署で勤務させるようになった。

　「会社が人を育てる」のではなくて「自分自身が自分を育てる意識をもたないと

やっていけない」時代となった。自分の人生を豊かに過ごす手段の一つが働くということだ。なにも、大学卒業後に就職した最初の会社で一生を過ごすとは限らなくなってきた。今は、転職を繰り返しつつ、自分のやりたい仕事を見つけ、実力を蓄えるという時代なのである。

　筆者も大学を3回変わってきた。大学という職場は、見事なくらい大学ごとにそれぞれの雰囲気が、しきたりが、昇進システムが違う。教職員のタイプも違う。こんなことがわかったのは職場を変わったからだ。人生を歩むうえでいろいろな職場で学んだことは大きかった。客観的に自分を見れるようになったからだ。

　「就職＝就社」の時代は去った。会社のブランドに頼るのではなく、自分自身が個性を磨き実力を蓄えて自らをブランド化する時代になった。「自分のスキルアップができる」「仕事を通じて人間として成長できる」といった観点から職務を選ぶことが重要視されるようになった。この意味では、「職に就く」という、まさしく字義どおりの就職が脚光を浴びるようになってきた。

　自らどんな仕事内容であるのかという情報を個人の責任で集めないといけない時代である。しかし、学生が個人で集める情報は限られている。新聞もろくに読まない学生の情報分析力は貧しい。ブランド企業や生活に身近ななじみのある企業に人気が殺到する。筆者の本務校でも、メガバンク、大手航空会社、大手食品メーカーなどの企業説明会は数百人の学生で溢れる。しかも遅刻も私語もないという、普段の受講態度からは信じられない状況になっている。その反面、部材メーカーや原材料メーカーは、最終消費財とは違って学生にはなじみがないらしく、企業説明会の集まりはもう一つである。

　最近、「やりがいのある仕事をしたい」とか「自分に合った仕事をしたい」という学生が多くなった。とくに企画がやりたいという学生は少なくない。新聞も読まないしテレビのニュースも見ない学生に、入社早々に企画など任せられるはずがない。職場で多くのことを体験し学んでこそ、全社的な経営方針を立てる業務ができるのである。

　就職率とともに離職率も話題になっている。「3年で3割離職」という話はデータ的にも確かめられている。どんなにつまらないと思える仕事であっても、ひたむきにやるなかで面白さが見えてくる。たとえアルバイトでも誰よりも早く出勤して仕事に精を出してみようではないか。職場の人たちの動きが手にとるようにわかるはずだ。

　本書は今後の人生に対して漠然とした不安を抱いている学生に対して、「人生設計

の経済的な基礎を知って、ビジネス社会を歩む心準備をしてほしい」「親の苦労も知ってほしい」という筆者の願望からまとめたものである。

　就職すると給与を受け取りしかるべき所得税を支払うことになるため、月給がすべて自分のものにはならない。また、所得税に加え、住民税そして社会保険料も天引きされて、その分だけ手取りは少なくなる。社会人にとっては当たり前のことなので、学生にもぜひ所得税の仕組みを理解してほしい。これは、アルバイト学生にも身近な話題である。

　40歳を迎える前後には子供も大きくなり、マイホームを考えてみるのもいいだろう。その場合、住宅ローンを利用することになる。このとき、借入れには元利均等方式と元金均等方式がある。預貯金があれば、中途返済をする余裕もできたり、今後の返済計画を変更できたりするかもしれない。

　たまの休暇には、家族で国内旅行や海外旅行を楽しむこともある。日系の航空会社には少ないが、米国の航空会社ではオーバーブッキングが日常茶飯事である。どうしてこうした事態に陥るのか、知っておくことも悪くない。

　経済社会生活に不可欠な資産管理や資金運用の知識は早くから知っておくことに限る。所得税を理解することは特に重要である。税理士の先生は、「節税」の専門家であるといえば、納得してもらえるだろう。Excelの実習を兼ねながら、本書を読み進んでほしい。本書には社会生活の基礎知識とExcelが学べるという二重のおいしさがある。皆さんの今後の健闘を祈る。

　本書の執筆にあたり実に多くの方にお世話になった。関西学院大学部商学部および甲南大学知能情報学部の受講生の皆さんには熱心に初期の原稿を丁寧に読んでもらった。この場を借りて感謝したい。また、日科技連出版社編集部の田中延志氏の行き届いたアドバイスには、大いに助けられた。本書が曲がりなりにもでき上がったのは、5年も辛抱強く待ってくださった染谷明氏や戸羽節文氏をはじめ日科技連出版社の皆様の励ましのおかげである。

　2015年　甲子園球場の大照明灯を眺めつつ

福井　幸男

目　　次

まえがき………………………………………………………………………………… iii

第 1 章　所得税の速算システム ………………………………………… 1

1.1　概要　1
1.2　国家財政と所得税　2
　1.2.1　日本国民の三大義務　2
　1.2.2　直接税と間接税　2
　1.2.3　日本の国家財政　3
　1.2.4　税金が存在する理由　4
1.3　所得の種類と所得税の枠組み　5
　1.3.1　所得の種類　5
　1.3.2　所得のある人の行動：預貯金か金銭信託か、あるいは株式投資　6
　1.3.3　信託　7
　1.3.4　10 種類の所得についての解説　10
1.4　総合課税と分離課税　16
　1.4.1　総合課税の理念　16
　1.4.2　総合課税と分離課税の場合における所得税の比較　19
1.5　所得税速算システムの枠組み(1)－給与所得金額速算表　20
　1.5.1　所得税の計算方法　20
　1.5.2　給与所得金額の速算方法　23
　1.5.3　(給与所得金額／給与収入金額)比率の累進性　24
　1.5.4　給与所得金額速算表の注意点　25
　1.5.5　給与収入金額～給与所得金額への計算手順 1　25
　1.5.6　給与所得控除金額が設定されている理由　30
1.6　所得税速算システムの枠組み(2)－所得控除その 1(人的控除)　30
　1.6.1　所得控除－人的控除と物的控除　30
　1.6.2　人的控除　31

1.6.3　基礎的人的控除　*32*

   1.6.4　児童手当　*35*

   1.6.5　特別の人的控除　*38*

 1.7　所得税速算システムの枠組み(3)－所得控除その2(物的控除)　*43*

   1.7.1　民間保険と社会保険　*43*

   1.7.2　日本の社会保険制度　*44*

   1.7.3　物的控除の種類　*45*

 1.8　所得税速算システムの枠組み(4)－所得税　*58*

   1.8.1　累進税率制の概要　*58*

   1.8.2　所得税の自動計算システム　*59*

   1.8.3　配偶者の所得税の計算　*62*

   1.8.4　国民健康保険料の計算　*63*

   1.8.5　妻が超えるべき三重の壁　*64*

   1.8.6　大学生のアルバイト収入(1)　*65*

   1.8.7　大学生のアルバイト収入(2)　*66*

   1.8.8　年金の構造　*72*

   1.8.9　臨時所得と変動所得(平均課税)　*74*

 1.9　所得税速算システムの枠組み(5)－税額控除　*79*

   1.9.1　税額控除　*79*

 1.10　分離課税制度　*80*

   1.10.1　分離課税の適用範囲　*80*

   1.10.2　2種類の分離課税制度　*84*

   1.10.3　分離課税対象の所得の課税方式　*84*

第2章　住宅ローンシステムの設計と運用　*89*

 2.1　住宅ローンの概要　*89*

   2.1.1　日本の住宅の資産価値　*89*

   2.1.2　日本の住宅ローンの現況　*91*

   2.1.3　住宅ローンの金利：固定金利と変動金利　*92*

   2.1.4　住宅ローンの設計　*92*

 2.2　利子の仕組み　*93*

2.2.1　利子　*93*
　2.2.2　単利と複利　*93*
　2.2.3　現在価値と将来価値　*94*
2.3　住宅ローンの仕組み　*95*
　2.3.1　割賦償還法の考え方　*95*
　2.3.2　現行の住宅ローンの特徴　*97*
2.4　住宅ローンの返済モデル　*98*
　2.4.1　元利均等方式と元金均等方式　*98*
　2.4.2　2つの返済方式におけるExcelでの計算手順　*99*
　2.4.3　Excelによる返済シートの作成　*100*
　2.4.4　繰上げ返済や変動金利への対応　*100*
　2.4.5　ボーナス返済を併用する場合　*109*
　2.4.6　元金均等返済の変形方式　*109*
2.5　住宅ローンの保証料　*112*
　2.5.1　連帯保証人と保証人　*112*
　2.5.2　保証会社の役割　*113*
　2.5.3　保証料の基本的な計算方式のルール　*113*
　2.5.4　保証料の計算　*114*
2.6　住宅ローンの証券化　*116*
　2.6.1　ノンリコースローンとリコースローン　*116*
　2.6.2　住宅ローンの証券化とサブプライムローン　*117*

第3章　航空会社の予約システムの仕組み　*119*

3.1　航空会社の予約システム　*119*
　3.1.1　概要　*119*
　3.1.2　二項分布　*120*
　3.1.3　期待損失　*121*
3.2　座席数20席の航空機の最適な予約人数を求める　*121*
　3.2.1　問題設定　*121*
　3.2.2　Excelの手順と計算結果　*121*
　3.2.3　シミュレーション　*125*
3.3　座席数240席の航空機への応用例　*126*

付録A　フローチャートの書き方 …………………………………………………… 131
A.1　フローチャートの基本　*131*
A.2　主な記号一覧　*131*
A.3　処理構造　*132*

付録B　Excelの基本関数の説明 ……………………………………………… 135
B.1　基本的なExcelの操作方法　*135*
B.2　if関数　*137*
B.3　vlookup関数　*139*

付録C　「給与所得金額の速算表」および「所得税の速算表」 …………… 143

参考文献………………………………………………………………………………… 145
索　引…………………………………………………………………………………… 146

■雑学
 1：特金（特定金銭信託）の損失補填で大揺れした1990年代前半の証券会社　*9*
 2：1961年、ソニー日本初のNY証券取引所上場　*11*
 3：はずれ馬券裁判　*14*
 4：水平的公平性を損なう「クロヨン」　*18*
 5：源泉徴収と確定申告　*22*
 6：法律婚、事実婚、そして同棲の法律上の扱い　*34*
 7：血族（尊属と卑属）と婚族　*42*
 8：人的控除と生活保護法　*43*
 9：米英と日本における寄付の違いの背景に税制あり　*55*
10：都道府県議会の議員自らが行う政治献金と規制の抜け道　*56*
11：学生285人に聞いた「給与所得者の扶養控除等申請書」　*68*
12：離婚した夫婦の年金分割　*74*
13：税額に2.1％を加算する理由は復興特別税にある　*88*

第1章 所得税の速算システム

1.1 概要

　本章の構成は次のとおりである。1.2 節と 1.3 節は、所得税の基礎的な事項を解説する。まず、1.2 節は国家財政における租税の意義を考察する。1.3 節では、給与所得や利子所得など計 10 種類に及ぶ所得の解説をし、これらに課せられる所得税の重要性を理解してもらう。また、1.4 節では、総合課税主義の理念を説明し、分離課税との違いを解説する。

　1.5 節以降は所得税の速算システムを設計する前提となる部分であるので、計算の流れに沿って、次の 5 つのテーマを個別的に解説する。その目的は、会社の給与から個人が納めるべき適切な所得税を計算することにある。

【所得税の速算システムの計算手順】
- ① 給与収入金額から給与所得金額を算出する　　　　→計算手順1(**1.5 節**)
- ② 給与所得金額から課税所得金額(所得控除その1)を算出する
  　　　　　　　　　　　　　　　　　　　　　　　　→計算手順2(**1.6 節**)
- ③ 給与所得金額から課税所得金額(所得控除その2)を算出する
  　　　　　　　　　　　　　　　　　　　　　　　　→計算手順3(**1.7 節**)
- ④ 課税所得金額から所得税額を算出する　　　　　　→計算手順4(**1.8 節**)
- ⑤ 納める所得税(税額控除)を算出する　　　　　　　→計算手順5(**1.9 節**)

　まず、1.5 節では給与収入金額から「給与所得金額」の算出法を解説する。その次に、人的控除(**1.6 節**)および物的控除(**1.7 節**)という 2 つの所得控除の各項目について詳述する。1.8 節では、累進課税制度を解説する。その最後に所得税の速算システム

を作成する。1.9 節では、各種の税額控除項目を解説する。

以上、5 段階の計算手順をすべて終えてはじめて、「所得税速算システム」が完成する。本書では基本的に給与所得者(俗にいう会社員)の給与所得を念頭に解説する。以上の流れを図示すると**図 1.1** のようになる。

図 1.1　所得税の計算手順の流れ

これで所得税についてのおおまかな解説は終わりだが、さらに知りたい読者のために **1.10 節**では、10 種類の所得別の分離課税の適用範囲と計算手順、総合課税と分離課税の関係を解説している。また、**付録**ではフローチャートおよび Excel についての基本事項、所得税計算に必要な速算表について解説しているので不明点があれば参考にしてほしい。

1.2　国家財政と所得税

1.2.1　日本国民の三大義務

日本国憲法によると、日本国民の三大義務は、教育(第 26 条)、勤労(第 27 条)、そして納税(第 30 条)である。第 30 条では、納税に関して、「国民は、法律の定めるところにより、納税の義務を負ふ」とある。憲法は、また、教育と勤労は国民の権利と同時に国民の義務と規定しているが、納税は税法で義務のみが規定されている。

1.2.2　直接税と間接税

税金には、直接税と間接税がある。直接税とは、「税金を納めるべき者とその税金を実質的に負担する者とが同じ税金」である。間接税とは、「税金を計算して納めるように義務付けられた者とその税金を実質的に負担する者とが異なる税金」である。その具体例はそれぞれ以下のとおりである。

- 直接税：所得税、法人税(いずれも国税)や県民税や市民税(いずれも住民税)。
- 間接税：酒税、たばこ税、消費税、石油税など。

地方自治体のとる住民税は常に国のとる所得税の1年遅れで徴収される。その理由は簡単である。税務署は全国にある国の機関で職員も多いが、地方自治体には県民税課あるいは市民税課しかなく、税務署に比べれば、人員が大幅に限られる。そのため、各地方自治体では、税務署から回ってくる税務情報に従って県民税や市民税を課さざるをえないのが現状で、所得税の徴収が1年遅れとなることは仕方がないと考えられている。よって、就職1年目には国の管轄する所得税しか課されないのだが、2年目からは地方自治体の管轄する住民税も課されるというわけだ。

1.2.3　日本の国家財政

日本の国家財政を支える大黒柱は何だろうか。2014年度の一般会計によれば、歳入総額95兆8,823億円に占める国債費は、41兆2,500億円となっており、全体の43%を占めている（図1.2）。国債とは、文字どおり国の債券、つまり、国の借金の証文である。国の財政の大黒柱は「国債＝借金」なのだ。情けない話であるが、これは紛れもない事実である。「国家財政は借金漬け」といわれるゆえんである。

ここで国家財政の内訳を見てみよう。国債費を除いた正味の収入を大きさの順に並べると、1位は消費税15兆3,390億円、2位は所得税14兆7,900億円、3位は法人税10兆180億円、4位はその他の税収入9兆8,540億円と続く。その内訳は、大きい順から揮発油税2兆5,450億円、相続税1兆5,450億円、酒税1兆3,410億円、印紙収

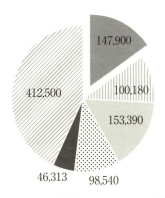

■所得税　▦法人税　▢消費税　▨その他の税収入　■その他の収入　▨国債

出典　財務省Webページ「日本の財政関係資料（平成26年2月）」
　（http://www.mof.go.jp/budget/fiscal_condition/related_data/sy014_26_02.pdf）

図1.2　2014年度一般会計歳入内訳

入1兆560億円、関税1兆450億円と続く。生活に身近なガソリン税（揮発油税と地方揮発油税）を見ると、キロリットル当たり53,800円の間接税がとられている。これは、1リットル当たり53.8円となり、ガソリン代の1/3程度は税金となる勘定である。そして、5位はその他の収入（税外収入、特別会計からの繰入れなど）となっている。

1.2.4 税金が存在する理由

税金がある理由とは何だろうか。それは国が以下のような政策を行うための財源とするためである。

① 公共サービスの供給

国防、消防、警察、地域住民のための行政サービスなどは、民間では提供できないものが多い。例えば、火事のとき、「発火元が費用を負担していないから消防車が出動しない」となると、地域の安全は保てない。行政サービスの費用を特定の誰かに押しつけるわけにはいかないので、租税で経費をまかなうしかない。

② 富の再分配

所得の高い人や資産などの大きい人は、担税力（税金支払い力）も大きい。彼らにはより多くの税金を課し、反対に担税力の小さい人には少なくまたは免除することで、社会保障の財源を確保し、国民の富の格差を縮小させて、社会を安定させ、公平な社会秩序を維持する。

③ 景気調整

好況期には国民の所得が増えて税収も増加する。逆に不況期には国民の所得が減り税収も減少する。したがって、民間需要を好況期には抑え、不況期には緩めるという調整弁としての役割も税金は担っている。これを自動調節機能（ビルトイン・スタビライザー）という。政府は、景気後退時に減税し、景気過熱時には増税することで適切な経済の運営に貢献することができる。

問1 国民の三大義務とは何か
（略解） ①教育の義務、②勤労の義務、③納税の義務。

問2 ファイナンスの意味とは何か
（略解） 経済学部では国家財政を意味し、商学部では企業の資金調達を意味する。

問3　租税の役割とは何か
(略解)　①公共サービスの供給、②富の再分配、③景気調整、の３つである。

1.3　所得の種類と所得税の枠組み

　所得税は、日本の直接税を支える大黒柱である。所得税の対象は実に多様である。例えば、会社員の給与や退職金のほかに、個人事業主がビジネスで得た所得(売上ではなく利益)、あるいは個人が不動産を売却して得た所得(＝売値－買値－諸経費)など、われわれが所得を得たときに国に納める税金である。つまり、もっとも生活に身近な税金の一つが所得税なのである。しかし、所得税は毎年のように税制改定が行われており、また、租税特別措置法や国税通則法などの関連する法令や通達が相互に関連していて、詳細な仕組みを完璧に紹介することは本書の限界を超えている。個別的な事例相談など詳しいことは税理士に直接聞くしかないくらい、一般人には複雑な仕組みになっている。ちなみに、所得税は税理士試験の選択必修科目で、合格難関科目だといわれている。

　本章の狙いは所得税速算システムを構築することであり、所得税の基本的なしくみを理解することが前提となる。所得税の基本的な発想を知らずしては、速算システム構築はできない。しかし、上記のような事情もあるため、所得税の基本的な枠組みを例示的に説明するに止める。具体的かつ詳細な所得税の申告書の書き方については、毎年出版される各種の『所得税の申告の手引き』などを参考にしてほしい。

1.3.1　所得の種類

　国税庁は、所得税法にもとづき、図1.3に記すように、所得を次の10種類に分類している。これらの10種の所得は、「経常所得」と「非経常所得」に2分できる。

経常所得						非経常所得			
利子所得	配当所得	不動産所得	事業所得	給与所得	雑所得	退職所得	山林所得	譲渡所得	一時所得

図1.3　所得の種類

経常所得は、収入が毎年定常的に生まれるもので、利子所得、配当所得、不動産所得、事業所得、給与所得、雑所得が該当する。例えば、雑所得には、友人への貸金の利息、高齢者の受け取る公的年金、会社員が書いた書籍の印税などごくわずかであっても毎年入ってくるものが入る。

非経常所得は、退職所得、譲渡所得、一時所得、山林所得である。これらは、毎年定期的に入る収入ではないからである。退職金を貰うのは会社を辞めたとき（退職所得）だけであるし、モノを譲渡して代金を貰うのも取引のとき（譲渡所得）だけである。賞金をもらったり、競馬で当たったり、生命保険の払戻金や遺失物発見の報労金をもらったりすることは、ある特定の期間（一時所得）だけの収入である。何十年待ってようやく育った山林を伐採して得た所得（山林所得）も同様である。

■所得の種類の覚え方その1：10種類の所得の名前

東大首席会計士という中尾宏規氏のコラム（http：//ameblo.jp/hnakao/entry-10293193926.html）によれば、次のようにすると覚えやすいという。

「利子」と「配当」で楽に暮らしていたが、「不動産」を買って「事業」を始めた。すると、従業員に「給与」を支払う。成功したので「退職」して、「山林」に住んで悠々自適の生活、年をとって子供に財産を「譲渡」することになる。「一時所得」と「雑所得」は出てこないが、覚えやすい。

1.3.2 所得のある人の行動：預貯金か金銭信託か、あるいは株式投資

一般人がお金をもっていると、どうするだろうか。明日も考えず一気に使う人もいるだろうが、たいていのお金持ちは銀行預金や郵便貯金、あるいは、株式投資に乗り出すか、自信がなければ、信託銀行などの金銭信託か、証券会社や銀行の投資信託を行ったり、ひょっとしたらタンス預金をするかもしれない。

所得がある人がさらに所得を増やすには、まとめると以下の選択肢がある。

- 預金（銀行）か貯金（郵便局）
- 金銭信託（信託銀行）
- 投資信託（証券会社、銀行、保険会社など）
- 自己の判断で投資する。

問4　元金100万円を年利2%で5年間、銀行に定期預金する場合と、ゆうちょ銀行に定額

貯金(半年ごとに複利計算する定期貯金)する場合のそれぞれの元利合計を求めよ。また税引き後(利子所得は源泉分離課税であり、税金が20%課される)の元利合計を求めよ。

(略解) いずれも複利計算する。

- 銀行の定期預金：100万円 × $(1 + 0.02)^5$ = 110万408円。
- ゆうちょ銀行の定額貯金：100万円 × $(1 + 0.01)^{10}$ = 110万4621円。

定額貯金は半年複利計算を行う。年利2%は半年利1%である。5年は半年を単位にすると10期間あるから、これを10乗する。また、税引き後の手取りはいずれも、以下のようにその分小さくなる。

- 銀行の定期預金：利子10万408円に20%の税率がかかるので、手取りは100万円 + 8万326円 = 108万326円となる。
- ゆうちょ銀行の定額貯金：利子10万4621円に20%の税率がかかるので、手取りは100万円 + 8万3,696円 = 108万3,696円となる。

なお、Excelの計算は付録Bを参照してほしい。

1.3.3　信託

　文字どおり、信託とは「信じて託す」ことであるが、それには(1)金銭の信託か、あるいは(2)金銭以外の信託の2種類がある。そして、(1)金銭の信託には、さらに①投資信託、②金銭信託の2種類がある。金銭を信託する際に特定の株式ファンドを指定するのが投資信託であり、こうした縛りがないのが金銭信託である。

(1) 金銭の信託
　① 投資信託
　　1) 株式投資信託　　　→　配当所得
　　2) 公社債投資信託　　→　利子所得
　② 金銭信託(合同運用信託)　→　利子所得
(2) 金銭以外の信託(例えば土地)

以下、それぞれについて解説する。

(1) 金銭の信託

① 投資信託

　何千もの株式や公社債のどれに投資したらいいかわからない場合には、プロの投資家つまりファンドマネージャが設定した投資案件、例えば「なでしこ銘柄ファンド

(女性が働きやすい企業を一括したファンド)」に投資する。これが投資信託である。「プロが運用する(素人には難しい)」「一人 1,000 円から始められる(個々人のお金を集めれば大きくなる)」「分散投資ができる(個人で例えば 50 銘柄投資はまず管理できない)」「長期運用ができる(個人は目先で売ってしまうことが多い)」などのメリットがある。株券の代わりに受託証券(beneficiary certificate)という「所有権証明書」を受け取り、プロに投資運用を任せる。また、株式に投資するかどうかによって、株式投資信託と公社債投資信託に区分できる。

1) 株式投資信託

株式運用の結果に左右されるから収益は安定していない。それどころか、ファンドに含まれる企業の多くが赤字になれば無配(配当無し)となるし、企業自体が破産する場合すらある。株式投資信託の収益金は、このように毎年上がり下がりがあるので、配当所得に入れる。

2) 公社債投資信託

公社債(公債と社債)への投資信託である。公債は「国や地方自治体が発行する債券」、社債は「企業が発行する債券」である。公社債投資信託の代表は MMF (Money Management Fund)である。投資信託の約款(基本ルール)に「株式投資をしない」と記載されているものが分類される。安全性や安定性が極めて高い債券を中心として運用される。

2001 年に、米国の石油商社エンロンの社債がデフォルト(債務不履行)になって、同社社債を運用していた日本の MMF が元本割れを起こした。元本割れとは、例えば、額面 100 万円の MMF が値崩れして 20 万円になる現象である。しかし、これ以降、規制が強化されて、格付けの低い社債やあるいは償還までの期間の長い社債を MMF に組み入れることに制限が課せられた。エンロンの後は MMF に一件も元本割れはない。1 円単位で 30 日以上運用すれば、いつでもお金の出し入れができる。ほかに、中期利付き国債に投資する中期国債ファンドや、証券会社が運用する MRF (= Money Reserve Fund)がある。MRF も一度も元本割れを起こしたことはない。公社債投資信託からの分配金は、利息がこれまで確実に支払われてきた安定した実績があるから、利子所得に入れる。

2014 年 5 月末のデータによれば、日本には総額 130 兆円の投資信託総資産額がある(図 1.4)。その内訳は、公募が 88 兆 226 億円、私募が 42 兆 323 億円である。公募信託の内訳は、株式投資信託が 67 兆 5,157 億円(その収益金は不安定なので配当所得

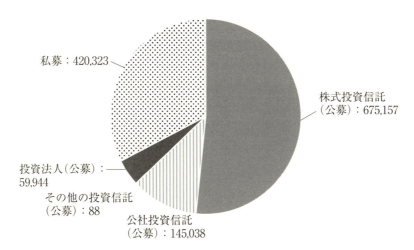

資料）投資信託協会 Web ページ「統計資料一覧」(http://www.toushin.or.jp/statistics/data/)

図 1.4　日本の投資信託の現況

にする）、公社債投資信託が 14 兆 5,038 億円（その収益金は安定しているので利子所得にする）などである。なお、私募信託は地方銀行などの機関投資家などの投資家に限った非公開の投資信託である。

■雑学 1：特金（特定金銭信託）の損失補填で大揺れした 1990 年代前半の証券会社

　1980 年代の株価高騰を背景にして、企業は新株発行などで大量の資金調達を行って集めた余剰資金を再度株式市場に投資して莫大な収益をあげていた。「行け行けドンドン」の熱狂的な世界である。「上がるから買う、買うから上がる」世界であった。財テク（財務テクニック）に、当時、特金といわれた特定金銭信託が使われた。これは企業が証券会社に投資資金を一任して株式投資を委ねた運用方法（一任勘定）である。ところが 1989 年 12 月 29 日の大納会の日経平均株価 3 万 8,915 円をピークに日経平均株価は急落し、わずか 9 カ月で 2 万円を割り込んだ。株価が下がってくると、証券会社は大口顧客である企業の特金の値下がり損に対して、「損失補填（損失分を支払う）」を実行した。これが白日の下に晒され、「証券不祥事」として社会的な問題となった。1991 年に証券取引法が改正され、損失補填は罰則をもって禁止された。同年、当時の野村證券社長は引責辞任した。

② 金銭信託

　金銭信託とは、金銭を信託銀行に委託したうえで、どんな資産で運用するかは銀行の判断に任せるものである。主に株式や公社債で運用する。投資信託では委託者は株式の銘柄の特徴を承知のうえで信託しているのに対して、金銭信託では完全にお任せなのでどの銘柄に投資しているかはわからない。

　金銭信託の一つに合同運用信託がある。多くの人から委託されたお金をまとめて、公社債や株式などで運用する。これは「元本保証」されていて元本割れが生じないので、収益金は利子所得に入れる。

(2)　金銭以外の信託

　金銭以外に信託される代表的な資産は土地である。例えば、駅前の一等地を保有する地主が信託銀行に土地を30年間託してビルを銀行に建てさせて賃貸料を折半し、信託期間終了後には銀行から地主に土地は返還されるといったことである。このケースでは、土地のなかった銀行も現金のなかった地主もどちらも得のwin‑winの関係になっている。

1.3.4　10種類の所得についての解説

　以上を踏まえて、以下、所得税法上の10種類の所得についてそれぞれ解説する。

① 利子所得
- 預貯金の利子。
- 公社債利子。
- 投資信託の分配金：合同運用信託、公社債投資信託（MMFなど）、公募公社債等運用投資信託。

　なお、世間的に利子とよばれていてもこの利子所得に入らないものもあり、例えば他人への貸金の利子は、商売で貸しているわけでないので、「雑所得」に入る。

② 配当所得
- 株式の配当金。
- 投資信託の配当金。
- 特定受益証券発行信託の配当金。

国内の株式に投資している人は少なくないが、一部の人々は日本株だけでなく外国株にも投資している。しかし、東京証券取引所では外国株の売り買いはできない。いや、それどころか一般に A 国の株式を B 国の株式市場で取引できない。そんなことを許せば、例えば、条件次第で A 国の株式取引所は開店休業になってしまう可能性がある。では、どのようにして外国株に投資して配当を受け取るのか。その仕組みが「特定受益証券発行信託」である。2007 年の信託法改正で外国の株式や社債を日本の証券取引所に JDR(Japanese Depositary Receipt：日本版預託証券)として上場させることが可能となった。株式を直接売買できない代わりに JDR なる「所有権証明書」を売買するわけである。

　受益証券発行信託の仕組みを説明する。まず、受益証券を発行する信託銀行があり、この受益証券を購入する投資家がいる。信託銀行は、外国の株式や社債や金などの貴金属の代わりにその受益証券 JDR を発行して、信託業務を行っているが、JDR を買った投資家は毎年この信託からいくばくかの配当金を受け取る。投資家は海外の株式に投資できるし、金ならば「保管金庫をどうするのか」といったわずらわしい手間から開放されるメリットがある。ここで、特定とは、税務署長の承認があり、計算期間が一年以下などの条件を満たした受益証券(特定受益証券)を意味している。通常の日本株と JDR の投資資金の流れを示すと、以下のとおりである。

- 日本の投資家　→　　　日本株　　　→　東京証券取引所
- 日本の投資家　→　JDR ≒ 外国株　→　外国の株式取引所

　国内株投資には、株主や出資者が法人から直接的に受ける配当や株式投資信託の収益金がある一方で、外国株投資には特定受益証券発行信託の収益金がある。どちらも毎年の収益に左右されて株式配当は変動する。

■雑学 2：1961 年、ソニー日本初の NY 証券取引所上場

　ソニーが米国で資金調達を行うためにニューヨーク証券取引所(NYS)に日本株最初の ADR(AmericanDR)を上場しようとした。しかし、直接ソニー株を NYS で売ることはできなかった。そこで新株 200 万株をまず東京銀行に預託し、これを原証券として、米国のスミス・バーニー社と野村證券を幹事として、ADR という所有権証明書を発行した。今では、NYS には京セラ、トヨタ、キヤノン、パナソニック、三菱 UFJFG など日本企業の約 300 銘柄が ADR で上場している。

③ 不動産所得

　土地や建物などの不動産の貸付、不動産の上に存する権利の貸付、船舶又は航空機の貸付（地上権又は永小作権の設定その他、他人に不動産等を使用させることを含む）による所得のことである。不動産売買による所得は譲渡所得になる。

④ 事業所得

　事業所得とは、農業、漁業、製造業、卸売業、小売業、サービス業その他の事業から生ずる所得（利益）のことである。

⑤ 給与所得

　勤務先から受ける給料、賞与などの所得のことである。本章では会社員が支払う所得税を扱うので、この給与所得が中心的なキーワードになる。

⑥ 退職所得

　退職により勤務先から受ける退職手当のことである。

⑦ 山林所得

　山林を伐採して販売したり、立木のままで販売したりすることによって生ずる所得である。譲渡所得ではなく、山林所得に含まれるのがポイントである。

⑧ 譲渡所得

　土地、借地権、建物、株式、ゴルフ会員権や宝石、骨董、書画などの資産を譲渡することによって生ずる所得のことである。譲渡といえば、「無償であげる」というニュアンスがあるが、税法では有償の意味も含まれ、譲渡を無償譲渡と有償譲渡に峻別している。無償譲渡の場合には、原則として、資産を譲渡した側には税金はかからず、資産を譲り受けた側は贈与税の課税対象となる。ただし、事業用の商品などの棚卸資産（販売用商品の在庫）の譲渡による所得については、事業的規模ならば事業所得、そうでなければ雑所得になる。

⑨ 一時所得

　一時所得とは、「臨時・偶発的なもので労働の対価性のない次のような所得」とし

て、例えば、以下に掲げるようなものにかかわる所得が該当する。
1) 懸賞や福引の賞金品、競馬や競輪の払戻金。
2) 生命保険の一時金や損害保険の満期返戻金。
3) 法人から贈与された金品（法人から個人に安く譲渡されたときの時価との差額、スポーツ選手や芸能人がテレビ番組で獲得した賞金など）。
4) 遺失物拾得者や埋蔵物発見者の受ける報労金。

⑩ 雑所得

雑所得とは、上記の①～⑨までのいずれにも該当しない所得のことである。例えば次に掲げるようなものにかかわる所得が該当する。
1) 公的年金等。
2) 非営業用貸金の利子。
3) プロの著述家や作家以外の人が受ける原稿料や印税（本業が著述家や作家の収入は事業所得となる）。
4) インターネットオークションの売金やアフィリエイト（例えば、自分のWebページを経由して広告商品が売れたら受け取る報酬）の収入。
5) 先物取引、外国為替証拠金取引（FX）、店頭FX、店頭CFDなどによる差益。

なお、⑩の4)におけるインターネットオークションの販売では、生活に通常必要な家具、什器、衣服その他の動産の売金は雑所得に含めない。例えば一回着ただけのブランド商品の販売収入は入らない。これらは、元々、販売目的で購入しなかったものであり、所得税法第九条第一項第九号に、「自己又は自己の親族が生活の用に供する家具、什器、衣服その他の資産で政令で定めるものの譲渡による所得には所得税を課さない」とある。ブランドバッグがたとえ17万円で売れても申告しなくてよい。

先物取引（futures trading）とは将来の売買についてあらかじめ現時点で約束をする取引のことである。現時点では売買の価格や数量などを約束しておいて、将来の約束の日が来た時点で、売買を行う。前もって売買の価格を決めておくことができるので、価格が変動する商品の売買につきものの価格変動リスクを回避できるという利点がある。例えば、現在100万円の商品を一年後に105万円で買い付ける契約を先物業者とする。この場合、一年後にたとえ120万円に値上がりしていても105万円で買い取れる一方で、95万円に値下がりしていても105万円で買い取らねばならない（図1.5）。値上がりしていたら儲かるし、値下がりしていたら損する。いずれにしても、

⟨現在⟩

現在の相場は 100 万円、値上がり気味なので 1 年後の先物価格を 105 万円で契約した。

⟨1 年後⟩

- 相場が 120 万円に値上がっていたら、15 万円の儲け。
- 相場が予想どおりの 105 万円なら損得なし。
- 相場が 95 万円に値下がりしていたら、10 万円の損失。

図 1.5　先物取引

1 年後の取引価格が現時点で確定しており、価格の変動にさらされないリスクヘッジ(リスクを避ける)効果がある。

　原油や金、大豆など商品のほか、日経平均株価のような株価指数を対象にした先物取引がある。社名に「フューチャーズ」を冠した企業には先物取引業者が多い。ちなみに、米を売買した大阪の堂島米会所(1730 年)が世界初の本格的な先物市場といわれている。

■雑学 3：はずれ馬券裁判
　国税庁の通達では、競馬や競輪の払戻金や懸賞金は、偶然の賜物であって労働の対価でもないとして、「一時所得」に分類している。一時所得では経費に認められるのは「収入に直接要した金額」に限定されるので、当たり馬券代のみが経費となる。国税庁は競馬の賞金を申告せずに 5 億 7,000 万円を脱税したとして、大阪市の会社員を告発した。これに対して、会社員側は「競馬予想ソフトを独自に改良した知的な活動の結果で、たまたま万馬券を買ったのとわけが違う」として、FX 取引や先物取引と同じ「雑所得」にあたると主張した。雑所得では当たり馬券代もはずれ馬券代も経費となる。会社員は 2007 年度〜2009 年度に 28 億 7,000 万円の馬券を買い、30 億 1,000 万円の賞金を得た。一時所得ならば総収入から「収入に直接要した金額」と特別控除 50 万円を差し引いて計算する。雑所得ならば、はずれ馬券代も必要経費とカウントする。大阪高裁は男性の言い分を認めた。男性にかかる所得税は大幅に減ったことになる。2014 年 7 月に検察側の上告を最高裁は受理した。

- 雑所得扱いの場合

    利益 = 30 億 1000 万円 − 28 億 7000 万円(馬券代すべて) = 1 億 4000 万円

- 一時所得扱いの場合

    利益 = 30 億 1000 万円 − 1 億 3000 万円(当たり馬券代) = 28 億 8000 万円

1.3 所得の種類と所得税の枠組み

問5 次の10種類の所得に関して、経常所得に○、非経常所得に△をつけなさい。

利子所得	配当所得	不動産所得	事業所得	給与所得	退職所得	山林所得	譲渡所得	一時所得	雑所得

(略解) 退職、山林、譲渡、一時の各所得は非経常所得であり、それら以外は経常所得となる。

問6 会社員の田中さんは、「毎年銀行預金からのわずかな利子」「公社債投資信託の収益金」「自社株からの配当」「親の遺産の貸家収入」「不要になった家族の衣服のインターネット販売収入」を得ている。それぞれどの所得に入るか。

(略解) 最初からそれぞれ「利子所得、利子所得、配当所得、不動産所得、所得税法上の所得に該当しない」となる。

問7 大学教員の山田氏は、「勤務校からの給与」のほかに、「他校の非常勤収入」「原稿料」「企業のコンサルタント収入」がある。それぞれ10種類の所得のどれにあたるか。

(略解) 最初からそれぞれ「給与所得、給与所得、雑所得、給与所得」となる。

問8 外国為替証拠金取引(FX)とは何か。

(略解) 外国為替証拠金取引(margin Foreign eXchange trading、通称FXとよばれる)とは、米ドルと日本円のように複数の外国為替つまり通貨を交換する取引である。少額の証拠金で、最高その25倍までの大きな取引ができるレバレッジ効果を活用して、大きく儲けようとする取引が可能である。レバレッジ(てこ)を使うと、少ない力で大きな力を発揮できるように、10万円の資金があれば、250万円分のドルが買えることになる。1ドル100円の相場では2万5,000ドル買った場合、円安となると、1ドル110円になれば275万円になるので、25万円の儲けとなる。10万円の元手で25万円が儲かったことになる。FXには、こうした為替差益による儲けを狙う取引と、通貨間の金利差による差益(スワップポイント)を狙う取引がある。これは低金利国の通貨を売って高金利国の通貨を買うことで、両国の金利差を狙うものである。日本の金利が年0.1%、ニュージーランドの金利が3.5%とすれば、3.4%のポイントが差益となる。手持ち資金を日本円からニュージーランドドルに切り替えただけで大きな儲けが期待できる。ただし各国の金利は変動しており為替も変動しているからリスクはある。ち

なみに、FX 取引には、直接に業者と行う店頭 FX と取引所で行う取引所 FX がある。FX が外国為替の取引であるのに対して、CFD(= Contract For Difference)という仕組みもある。これは、金や石油や株価の取引であり、FX と同様に少額の証拠金で取引ができる。

問 9　宝くじの当選金に課税されるか。
(略解)　売上の 4 割が自治体に納められていることから、当選金自体は非課税扱である。

問 10　奨学金には課税されるか。
(略解)　返済が必要な貸与奨学金は借金であり、借金には税金はかからない。日本学生支援機構の貸与奨学金は、私立大学の学生では、無利子の月額が、自宅生 5 万 4,000 円、自宅外 6 万 4,000 円である。返済不要の給付奨学金は原則非課税となる。とはいえ、特定公益信託以外からの奨学金には贈与税が課される場合もあるので、奨学金を運営している組織に直接問い合わせるのがよい。

1.4　総合課税と分離課税

1.4.1　総合課税の理念

　経済学の父といわれるアダム・スミスが提唱して以来、課税に関する基本原則は、「公平、中立、簡素」の三本である。とくに公平はもっとも重要な原則とされてきた。そして公平の原則には、「個人の支払い能力に応じて租税を支払うことが公平である」という能力説、および「国のサービスから得られる公共財の対価に応じて課税するのが公平である」という利益説がある。ここでは能力説の基本原則と、それが反映されている課税のやり方について解説する。

　① 水平的公平性:「稼ぎが同じなら税金も同じ」

　　能力説には、「等しい支払い能力(担税力)を有する者は等しい税負担をすべきである」という水平的公平性と、「異なる支払い能力をもつ者は異なる税負担をすべきである」という垂直的公平性の考え方がある。担税力を所得に置き換えると、水平的公平性とは同じ所得ならば同じ租税を負担することであり、垂直的公平性とは、所得の高い人はそれだけ重い租税負担(累進課税)をすることである。

② 垂直的公平性：「稼ぎが違えば税金も違う」

図1.6では、所得が同じ500万円の農業者、給与所得者および自営業者がすべて等しい租税、つまり50万円（カッコ内の数値）を負担している。これが水平的公平性である。垂直的公平性とは、所得2,000万円の人は300万円、800万円なら100万円、そして500万円ならば50万円を負担するというように、稼ぎに応じた租税負担を求める考え方のことである。

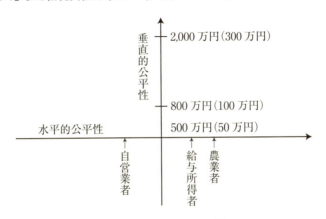

図1.6 租税負担の公平性

(1) 総合課税

個人の稼ぎを計るときには、その個人に帰属する所得をふつうすべて合算する。このすべての所得に対して課税する考え方が総合課税である。逆に、分割課税とは、ある所得をほかの所得と合算せずに、分離して課税することである。日本では分離課税が採用されている。

垂直的公平性を確保するためには、累進税率制にもとづいて、より多く所得のある人からはより多くの税金を課す必要があるため、総合課税を行うことが望ましい。ここで例えば、納税者番号を納税者全員に割り振れば、総合課税を実施できるが、これは国民感情から未だ実現されていない。

日本の租税制度のあり方を検討する税制調査会は、1968年の答申において、「所得税が納税者の担税力に適合した近代的な租税とされるのは、個人の稼得するあらゆる種類の所得を総合してそこに担税力の基準を見い出し、これに累進税率を適用することを前提としている」として、「分離課税は所得税の本質をゆがめ、累進税の機能を

阻害するもの」と断言し、「基本的に廃止する方向で対処すべき」とした[1]。

(2) 分離課税が存在する理由

　1968年当時でも、利子所得や配当所得などで政策的な見地などから一部の種類の所得については特例的に分離課税をとっていたことは事実である。

　しかし、約半世紀経った現在においては、分離課税は廃止されるどころかむしろ拡大している。分離課税は金持ち優遇であるとの批判は一面では正しい。課税所得が4,000万円を超える納税者からすれば、本来ならば最高税率の45%（2015年から適用、2014年は40%）の累進課税を課されるところ、利子所得および配当所得をほかの所得と合算せずに分離すると、この二つの所得に限っては一律20%の源泉徴収で済ませることができる。彼にとっては、非常に有利である。他方、資金的な余裕のある個人には積極的に株式投資をしてもらいたいし、そして経済活性化のためには民間の株式投資を積極的に応援したいという政策的意図も理解できる。

　分離課税の根拠としては、次の3点がある。

　① 建物・土地の売却益も山林の材木の売却益も退職金も長い時間を経過してはじめて生じる所得である。自宅売却が一生のうちに何回も起こるものではない。これをほかの所得と一緒にして、総合課税に含めることはなじまない、

　② 株式の売却で得することも損することもあるから、株式の売却益は安定的な所得とはいえない、

　③ すべての所得を一括りにして総合課税にしまうと、損益通算（profit/loss offset）されて、租税回避になる可能性が発生する。なお、損益通算とは、ある所得で生じた損失と別の所得で生じた利益を通算することである。700万円の給与所得（黒字）があって、マイナス500万円の不動産所得（赤字）がでれば、通算すれば差引200万円の黒字となり、支払うべき所得税は大きく減額される。だから、損益通算させぬように分離課税とする。

■雑学4：水平的公平性を損なう「クロヨン」

　水平的公平性を損なっているとしていわれているのが「クロヨン」である。これは、所得

---

[1] 日本租税研究協会：「昭和43年7月　長期税制のあり方についての答申、税制簡素化についての第三次答申、土地税制のあり方についての答申」、『税制調査会答申集』(http://www.soken.or.jp/p-document/zeiseichousa-toushinshu.html)

捕捉率の格差を示す言葉で、「給与所得者は課税所得の9割、自営業者は6割そして農業者は4割を税務署から把握されている」という意味である。同様の意味で「トーゴーサン」もある。これは上記の比率が10対5対3となった場合である。「稼ぎが同じなら同じように課税される」という水平的公平性が維持されていないため、納税者の不満は大きい。しかし、微妙な論点を含んでいるため、本書では立ち入らない。

1.4.2 総合課税と分離課税の場合における所得税の比較

親からの遺産で、借家をもっていたり、株式配当があったり、駐車場経営などの副業があったりする会社員は少なくない。所得に対する課税の方法には、総合課税と分離課税があることを知って損はないだろう。

総合課税では、図1.7に示したように、A(例えば給与所得)、B(例えば雑所得)、C(例えば不動産所得)などの個人の所得合計に税金が課される。分離課税では、所得の種類ごとに別々に税金が課される。図1.7のように、そのやり方は明確に違う。

図1.7 総合課税と分離課税

総合課税と分離課税の一番大きな違いは、納税者の立場から見て、「損益通算」ができるかどうかである。総合課税ならばできるが、分離課税ならばできない。総合課税ならば、Aで200万円の黒字であってもBで80万円の赤字であれば、損益通算すると黒字幅は120万円となる。もしもAとBがそれぞれ分離課税できれば、AとBは合算できないので、Aの200万円に対して所得税がかかり、Bは赤字なので課税されない。なお、赤字だからといって、税金が戻ってくることはない。

10種類の所得のなかには、総合課税しか選択できないものと、分離課税しか選択できないもの、そしていずれかを選択できるものがある。つまり、総合課税をとるか、分離課税をとるが、個人の選択に任されている所得もある。総合課税の税率が

30%であり、分離課税の税率が20%とすると、誰もが税率の低い分離課税を選択する。逆に総合課税の税率が一律20%で、分離課税の税率が30%ならば、反対に誰もが総合課税を選択する。配当所得が入る会社員の場合、総合課税か、分離課税かを選択できる。配当所得は一律20%の分離課税を選択できるから、適用税率が40%であるような所得の高い人ならば、配当所得を別建てにして分離課税としたほうが有利となる。反対に、適用税率が5%というような所得の低い人であれば、総合課税が有利である。

問11 所得Aで1,500万円、所得Bでマイナス700万円の納税者がいる。分離課税および総合課税適用の場合の所得税を計算せよ。ただし、税率は30%とする。

(略解) 分離課税を適用すると、マイナスの所得は非課税であるから、1500 × 0.3 = 450万円となる。総合課税を適用すると、両者を合算した所得は800万円、(1500 − 700) × 0.3 = 240万円となる。所得Bの赤字額分だけが減じられるので、総合課税が有利である。

問12 所得Aで1,500万円、所得Bで700万円の納税者の所得税はいくらか。

(略解) 所得Aの所得税は**問11**と同じく450万円である。所得Bの所得税は、700万円 × 0.3 = 210万円である。これらの合計は660万円となる。総合課税では、(1,500万円 + 700万円) × 0.3 = 660万円となる。この場合は総合でも分離でも同額となる。

問13 所得Aで1,500万円、所得Bで700万円の納税者の所得税はいくらか。ただし、**問12**と違い、所得2,000万円を超える税率は40%とする。

(略解) 総合課税では、(1,500万円 + 700万円) × 0.4 = 880万円となる。分離課税では、**問12**と同じく660万円となる。この場合は分離課税のほうが得である。

1.5 所得税速算システムの枠組み（1）
　　　—給与所得金額速算表

1.5.1 所得税の計算方法

一般的な会社員の家庭を前提に説明する。説明の簡略化のために、以下、給与収入のみを考察する。給与収入金額には、給料と賞与のほかに、本人が勤務先から受け取

る勤続手当、扶養手当、職務手当、住宅手当を含む。しかし、通勤手当は実費支給であるので課税対象とはならないから、給与収入金額に入れない。また、通勤手当の支給方法は、通勤定期1カ月分を毎月支払う場合、6カ月定期分を半年ごとに支給する場合など、企業によってさまざまである（例えば、6カ月定期は割安なので、企業にとってはメリットがある）。

表 1.1 は、会社員の家庭における夫の給料明細の一例である。基本給29万6,000円に対して、各種の手当がつき、支給総額は36万9,000円となっている。しかし、実費支給の交通費を除外すると、36万円となる。年間ボーナスを4カ月とすると、支給総額は、36万円×(12 + 4)カ月 = 576万円となる。これを「給与収入金額」とよぶ。控除項目には、社会保険料、所得税、住民税そして組合費があるが、この例では組合費は基本給の1%としている。

- 支給総額＝基本給＋…＋交通費
- 控除総額＝社会保険料＋…＋組合費
- 課税対象額＝支給総額－社会保険料－交通費(実費支給)
- 差引支給額＝支給総額－控除総額

ここで注意すべき点がいくつかある。毎月の給料から徴収される所得税は、「給与所得の源泉徴収税額表(月額表)」に当てはめて計算する。また、ボーナスについても「賞与に対する源泉徴収税額の算出率の表」から所得税を計算する。なお、「年末調整」は、これらの1年間通算の源泉徴収額の合計額と、1年間の年収に対する年税額の食い違いを清算する。年末調整は雇用主が行い、給与所得者だけに適用される。年

表1.1 給料明細書の一例

支払項目	
基本給	296,000
勤続手当	1,000
扶養手当	15,000
職務手当	0
住宅手当	18,000
残業代	30,000
交通費	9,000
支給総額	369,000

控除項目	
社会保険料	30,000
所得税	40,000
住民税	32,000
組合費	2,960
控除総額	104,960
課税対象額	330,000
差引支給額	264,040

末調整を受けた人は、確定申告や追加税額の納付手続きが不要になる。しかし、雇用主に知られたくない副業などの所得があれば、確定申告に行くことになる。

■雑学5：源泉徴収と確定申告

　給与所得者に対して雇用主(勤務先会社)は、所得税および地方税を代理徴収する。これを源泉徴収制度という。源泉徴収義務者(雇用主)は、給与を支払った月の翌月10日までに本人に代わって所得税を支払わねばならない。会社が把握できる所得は本人に支払った給与である。この金額にもとづいて会社は源泉徴収額を計算して天引きする。本人の住宅ローン残高や副業による事業所得や不動産所得、保有株式からの配当所得などについては、本人がいわない限り、勤務先はわからない。だからこそ、毎年2月中旬から1カ月の間に本人が副業などを含めた所得申告を行い、納税額を調整する。これを確定申告という。ほかの副業からの収入があって、課税所得が膨らんで、支払うべき所得税が45万円と算出されるならば、仮に所得税30万円が源泉徴収(天引き)されていても、「確定申告」で差額の15万円(＝45万円－30万円)を支払う必要がある。逆に、家族の実費医療費に150万円の経費がかさんで課税所得そのものが減少し、支払うべき所得税が20万円となった場合には、逆に10万円(＝20万円－30万円)の還付金が税務署から支払われることになる。

　次に、所得税の基本的な発想を給与所得に関して説明する(図1.8)。利子所得や配当所得等はここでは考慮しない。所得税の基本は、「給与収入金額」に対して課税するのではないことである。これから説明する計算手順に従い、「課税所得金額」に対して課税する点が重要である。「給与収入金額」から、まずは「給与所得金額」を計算し、次に「給与所得金額」から「課税所得金額」を求めて、最後に「課税所得金額」から所得税を計算するという三段の流れになっている(図1.8)。

図1.8　所得税の計算手順の流れ(図1.1再掲)

1.5.2 給与所得金額の速算方法

① 給与収入金額から給与所得金額を計算する

国税庁の用語では、給与収入金額と給与所得金額を明確に区別している。これにまず注意したい。「給与収入金額」から控除できるのが「給与所得控除額」である。**表1.2**は、給与収入金額と給与所得金額の関係を示している。基本的な考え方は、給与収入金額(A)から給与所得控除額を差し引き、「給与所得金額」を求めることにある。

② 給与所得金額の速算表を読む

表1.2に注目する。まず、給与収入金額65万1,000円未満では給与所得金額は0である。次に給与収入金額65万1,000円～161万9,000円未満では、給与所得金額は給与収入金額から65万円を控除したものである。さらに161万9,000円～162万8,000円未満では、給与所得金額自体を規定する。162万8,000円～660万円未満では、給与収入金額(A)を4で除してBを求める。例えば、給与収入金額481万2,500円(A)の会社員に対しては、**表1.2**の計算手順に従い、B = 4,812,500 ÷ 4 = 1,203,125となるから、「1,000円未満切捨て」との国税庁の端数処理規定を考えると、120万3,000円となり、これに3.2を乗じて、定額の54万円を差し引く。こうして、給与所得金

表1.2 給与所得金額の速算表

給与収入金額(A)	給与所得金額
65万1,000円未満	0
65万1,000円～161万9,000円未満	A － 65万円
161万9,000円～162万円未満	96万9,000円
162万円～162万2,000円未満	97万円
162万2,000円～162万4,000円未満	97万2,000円
162万4,000円～162万8,000円未満	97万4,000円
162万8,000円～180万円未満	B × 2.4
180万円～360万円未満	B × 2.8 － 18万円
360万円～660万円未満	B × 3.2 － 54万円
660万円～1,000万円未満	A × 0.9 － 120万円
1,000万円～1,500万円未満	A × 0.95 － 170万円
1,500万円以上	A － 245万円

（162万8,000円～660万円未満の行について：B = A ÷ 4（1,000円未満切り捨て））

出典）　国税庁「所得税及び復興特別所得税の確定申告の手引き」(https://www.hta.go.jp/tetsuzuki/shinkoku/shotoku/tebiki2013/pdf/02.pdf)のp.14。

注1）　給与所得控除の上限額が2017（平成28）年の所得税については230万円（給与収入1,200万超）、2018（平成29）年以降については220万円（給与収入1,000万超）に引き下げられる。

注2）　簡易給与所得表（**表1.4**）は、上記表の一発早見表である。

額は「B × 3.2 − 540,000 = 1,203,000 × 3.2 − 540,000 = 3,309,600 円」のように計算される。このとき、逆算してわかるように、給与所得控除額は 150 万 2,900 円である。

1,500 万円では控除金額が 245 万円となる。これは、必要経費が必ずしも収入増に比例して必ず増加するとは限らないことから上限措置を導入したものである。1,500 万円を超えても、給与所得控除額は 245 万円が上限である。

例えば、給与収入金額 100 万円ならば給与所得金額 35 万円、以下同じく 200 万円ならば 122 万円、300 万円ならば 192 万円、500 万円ならば 346 万円、800 万円ならば 600 万円、1,200 万円ならば 970 万円、そして 3,000 万円ならば 2,755 万円となる。

なお、給与収入金額「180 万円〜 360 万円未満」の段階から一定金額を控除する理由は次のとおりである。例えば、給与収入金額 360 万円は、2 つの区間の境界にある。まず、「360 万円〜 660 万円未満」欄を適用する。B = 360 ÷ 4 = 90 万円で、給与所得金額は「90 × 3.2 − 54 = 234 万円」となる。次に「180 万円〜 360 万円未満」欄を適用すると、給与所得金額は「90 × 2.8 − 18 = 234 万円」となる。つまり、境界値にある収入金額では、いずれの段階を適用しても同額になっている。こうしないと、極端な場合、たった 1 円の違いで所得税が大きく跳ね上がることになり、不公平となる。

問 14 表 1.2 の「162 万 8,000 円〜 180 万円未満」、次の「180 万円〜 360 万円未満」そして「360 万円〜 660 万円未満」の各段階では、給与収入金額を 4 で除して B を求めてから、2.4、2.8 そして 3.2 をかけている。これを数学的に簡単に説明せよ。

(略解) これら 3 段階は、それぞれ、給与収入金額を 4 で割って 2.4、2.8 そして 3.2 を乗じているから、結局は 0.6（= 2.4/4）、0.7（= 2.8/4）、そして、0.8（= 3.2/4）を乗じていることになる。

1.5.3 （給与所得金額／給与収入金額）比率の累進性

（給与所得金額／給与収入金額）比率を図式化したものが図 1.9 である。この比率は、累進的に上昇している。収入金額が高くなればなるほど、給与所得金額を高めているからである。このとき、給与所得控除額は相対的に小さくなっている。1,500 万円以降は 245 万円で打ち止めである。

より高い収入金額からはより多くの所得税をとるという累進制は、後に見る課税所得に対する累進税率だけでなくて、この給与所得金額の計算においても採用されてい

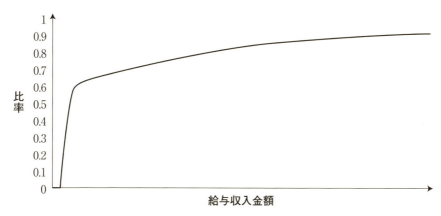

図 1.9 給与所得金額／給与収入金額の比率

ることがわかる。

累進的な体系は、収入金額が増加するにつれて以下のような傾向をもつ。

① 給与収入金額に対する給与所得金額の比率が 1 に漸近していく。
② 課税所得金額に対する所得税率は最高税率 45% となる。

1.5.4 給与所得金額速算表の注意点

給与所得金額の速算表(表 1.2)において、給与収入金額「161 万 9,000 円〜 162 万円未満」から「162 万 4,000 円〜 162 万 8,000 円未満」までのわずか 1 万円の幅に 4 段階が設定され、非常に細かい。

これには理由がある。次の表 1.3 に示したように、仮にそれまでの段階と同じように 65 万円を差し引く手続きを繰り返すと、太線の囲みのようになる。c/b すなわち仮給与所得金額(c)／給与収入金額(b)が 0.6 をわずかであるが超えてしまう。これでは次の「162 万 8,000 円〜 180 万円未満」の段階の乗率 0.6 を上回ることになる。そこで、0.6 を超えないように微調整していると考えられる。

1.5.5 給与収入金額〜給与所得金額への計算手順 1

所得税速算システムの計算手順 1 について解説する。ここでは給与所得金額の速算表(表 1.2)そのものを使わない。4,000 円刻みに並べた給与収入金額と給与所得金額との対応表「簡易給与所得表」(表 1.4)を作成する。表 1.4 を使えば、Excel による計算

表 1.3　給与収入金額 161 万 9,000 円〜 162 万 8,000 円未満の配慮

a 給与収入金額	b 給与所得金額	a/b	c 仮給与所得金額	c/b
161.5	96.5	0.5975		
161.6	96.6	0.5978		
161.7	96.7	0.5980		
161.8	96.8	0.5983		
161.9	96.9	0.5985	96.9	0.5985
162	97	0.5988	97	0.5988
162.1	97	0.5984	97.1	0.5990
162.2	97.2	0.5993	97.2	0.5993
162.3	97.2	0.5989	97.3	0.5995
162.4	97.4	0.5998	97.4	0.5998
162.5	97.4	0.5994	97.5	0.6000
162.6	97.4	0.5990	97.6	0.6002
162.7	97.4	0.5986	97.7	0.6005
162.8	97.68	0.6		
162.9	97.74	0.6		

手順が簡単化できる。

① ステップ 1：次の対応表 (**表 1.4**) を作成する。最初の 5 行の数値は直接入力する。6 行目以降については、収入金額は 4,000 円刻みで、給与所得は 2,400 円刻みで 180 万円まで割り当てを行う。この範囲で、給与所得の刻みが 2,400 円になるのは、次の事情による。**表 1.2** の速算表において、収入金額の増分が 4,000 円ならば、給与所得の増分は、その 0.6 倍になる、つまり、給与収入 (A) を 4 で除してから 2.4 を乗じて、給与所得を求めている。これは給与所得が A の 0.6 倍であることにほかならない。収入金額が 4,000 円上がると給与所得はその 0.6 倍つまり 2,400 円上がることになる。同様に考えれば、180 万円以上の範囲では、収入金額 4,000 円に対して給与金額 2,800 円刻みで、そして 360 万円以上の範囲では 3,200 円刻みで上がることになる。

したがって、例えば、先頭行「161 万 9,000 円」は、161 万 9,000 円以上〜 162 万円未満の収入金額に対して給与所得金額が 96 万 9,000 円であることを、最終行「659 万 6,000 円」は、659 万 6,000 円以上〜 660 万円未満の収入金額に対して、給与所得金額が 473 万 6,800 円であることをそれぞれ意味する。なお、Excel での入力方法は連続番号の割付けで行えばよい (**付録 B**)。

② ステップ 2：if 関数と vlookup 関数を用いて、給与収入金額から一度の操作

1.5 所得税速算システムの枠組み(1)－給与所得金額速算表

表1.4 簡易給与所得表

	給与所得控除後の給与等の金額表		
	収入金額	給与所得	
	1,619,000	969,000	
	1,620,000	970,000	
	1,622,000	972,000	
	1,624,000	974,000	
4,000	1,628,000	976,800	
4,000	1,632,000	979,200	2,400
4,000	1,636,000	981,600	2,400
4,000	1,640,000	984,000	2,400
4,000	1,644,000	986,400	2,400
4,000	1,648,000	988,800	2,400
	途中省略		
4,000	1,792,000	1,075,200	2,400
4,000	1,796,000	1,077,600	2,400
4,000	1,800,000	1,080,000	2,400
4,000	1,804,000	1,082,800	2,800
4,000	1,808,000	1,085,600	2,800
4,000	1,812,000	1,088,400	2,800
4,000	1,816,000	1,091,200	2,800
	途中省略		
4,000	3,592,000	2,334,400	2,800
4,000	3,596,000	2,337,200	2,800
4,000	3,600,000	2,340,000	2,800
4,000	3,604,000	2,343,200	3,200
4,000	3,608,000	2,346,400	3,200
4,000	3,612,000	2,349,600	3,200
4,000	3,616,000	2,352,800	3,200
	途中省略		
4,000	6,580,000	4,724,000	3,200
4,000	6,584,000	4,727,200	3,200
4,000	6,588,000	4,730,400	3,200
4,000	6,592,000	4,733,600	3,200
4,000	6,596,000	4,736,800	3,200

で給与所得金額を見つける。なお、**付録 B** に両関数の基本的な説明がある。

計算フローは以下のとおりである。if 関数を複数回使用する多重 if 関数を使う。if 関数を 5 回使用する。

= if(条件 1,yes,if(条件 2,yes,if(条件 3,yes,if(条件 4,yes,if(条件 5,yes,no)))))

if 関数の後ろには必ず開くカッコと閉じカッコがつくので、開くカッコ 5 個、閉じカッコ 5 個で、閉じカッコは最後にまとまってつく。エラーが出る場合は閉じカッコの数と開くカッコの数が違うからであることが多い。

ここで、**図 1.10** のフローチャートは計算手順を示す。フローチャートについては**付録 A** を参照してほしい。

③ ステップ 3：以上より、**図 1.11** に示す速算システムが完成する。これは、「簡

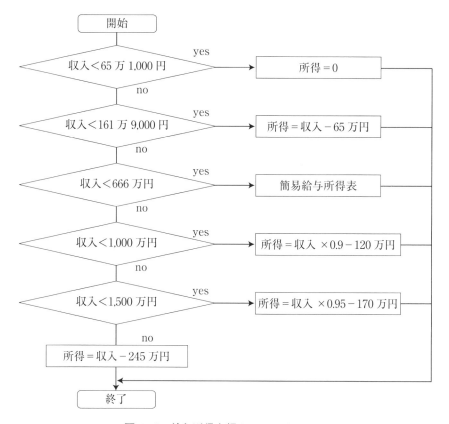

図 1.10　給与所得金額のフローチャート

1.5 所得税速算システムの枠組み(1)−給与所得金額速算表

	A	B	C	D
1	給与収入	5,000,000		
2	給与所得	3,460,000	← =if(B1<651000,0,if(B1<1619000,B1−650000,if(B1<6600000,
3			vlookup(B1,$C$8:$D$1254,2),if(B1<10000000,B1*0.9−1200000,
4			,if(B1<15000000,B1*0.95−1700000,B1−2450000)))))
5			給与所得控除後の	
6			給与等の金額表	
7			収入金額	給与所得
8			1,619,000	969,000
9			1,620,000	970,000
10			1,622,000	972,000
11			1,624,000	974,000
12			1,628,000	976,800
13			1,632,000	979,200
			途中省略	
1253			6,588,000	4,730,400
1254			6,592,000	4,733,600
1255			6,596,000	4,736,800

図 1.11　給与所得金額の速算システム

易給与所得表」(**表 1.4**)を照合範囲としている。照合範囲のセル番地は、$C$8：$D$1255 である。この範囲は固定するので＄マークを使って絶対番地としている。ステップ 2 のフローチャートに条件分岐を示すひし形が 5 個あるので、if 関数も 5 個つける。なお、セル番地 B2 に入る計算式を横の矢印の右側に示す。ここでは、紙面の関係で 3 行で表示している。

問 15　収入金額が 162 万 5,000 円、181 万円、500 万円そして 659 万円に対する、給与所得金額を求めよ。

(**略解**)　それぞれの給与所得金額は、**図 1.11** のワークシートを使えば、97 万 4,000 円、108 万 5,600 円、235 万 2,800 円、473 万 400 円となる。

1.5.6 給与所得控除金額が設定されている理由

最後に、「給与所得控除金額」について解説する。一説では、「会社員の必要経費である」として税務署が親心で認めているという。自営業の場合には、ビジネスに関係ないプライベートな場合であっても多くの領収書を集めてこれを必要経費として請求することができる。経費で購入した営業車を自家用車として使うこともある。「息子の愛車の購入費用もガソリン代も親の丸抱えで会社員は可哀想だから優遇してあげよう」と国が親心で同情しているという説もあながち嘘とは思えない。

給与所得控除については、「所得税法(給与所得控除の上限設定)の改正」(平成24年3月)において、「給与所得控除については、マクロ的に見ると、給与収入総額の3割程度が控除されている一方、給与所得者の必要経費ではないかと指摘される支出は給与収入の約6%であるとの試算もあり」と述べている。なお、2014(平成25)年12月の閣議決定で、現在の給与所得控除上限額見直しが決まり、給与所得金額が現在の1,500万円(控除額245万円)から、2017(平成28)年には1,200万円(控除額230万円)に、2018年には1,000万円(控除額220万円)に引き下げられることとなった。

問16 給与収入金額が90万円、120万円、162万2,000円、300万円、500万円、900万円、3,000万円そして1億円の場合の給与所得金額を求めよ。

(略解) 図1.11のワークシートを使えば、それぞれ25万円、55万円、97万円、192万円、346万円、690万円、2,755万円そして9,755万円となる。「千円未満切捨て」の端数処理を行うには、Excelのrounddown関数を使用する。例えば、「= rounddown(3273, − 3) = 3000」となる。詳しくは**付録B**を参照してほしい。

1.6　所得税速算システムの枠組み(2) ー所得控除その1(人的控除)

1.6.1　所得控除ー人的控除と物的控除

所得税速算システムの計算手順2について解説する。これから解説する各種の所得控除は納税義務者の個人的な家計を考慮して決められている。本人の担税力に即応した所得税負担とするために課税所得金額から控除する。ただし、個人的な家計事情を考慮するといっても、例えば寒冷地の暖房費や過疎地の交通費あるいは子供の塾費なども考慮すると、課税基盤を侵食することになりかねないので、控除の種類には一定

の歯止めがある。前節で求めた「給与所得金額」に対して課税するのではなく、給与所得金額から各種の所得控除金額を差し引いた「課税所得金額」に対して課税することに注意する。これは非常に重要である。

ここで、所得控除には2種類ある。人的控除および物的控除である。人的控除は、納税者本人やその家族など、人が対象である。これには、基礎控除や配偶者控除、扶養控除などがある。ただし、0歳～15歳には、扶養控除は適用されない。その代わり児童手当が支給される。これについては **1.6.4項** で解説する。物的控除は、支払った医療費や社会保険料、災害損害など、人以外の物が対象となる。

給与所得金額からこうした各種の所得控除を差し引いた金額が「課税所得金額」となる。この課税所得金額がプラスになった場合は課税され、マイナスならば非課税である。ただし、マイナスだからといって税務署からの還付金はない。

1.6.2　人的控除

人的控除の根拠は、最低限、生活に必要な所得は課税対象から除くという考え方にある。日本国憲法第25条は「すべて国民は、健康で文化的な最低限度の生活を営む権利を有する」と宣言している。人的控除の制度は、納税者本人とその家族の生存権保障に対する所得税法の立場からの一つの表現とみなしてよいだろう。「担税力」の観点からいえば、「担税力はその家族中に扶養すべき者の有るのと無いのとでは非常の相違がある。……扶養家族の有無多少に依って課税に軽重を設くることは租税原則より云って当然の処置である」[2]とされている。

図1.12のように、人的控除には①基礎的人的控除と、②特別の人的控除がある。

① 基礎的人的控除：基礎控除、配偶者控除、扶養控除がある。本人と家族の最低生活を維持するための控除で、憲法第25条が理論的な支柱になっている。

② 特別の人的控除：特別な事情による追加的な費用、または社会的な弱者で所得稼得に不利な条件があることが配慮され、創設された。

ここで、注意すべき点がある。それは人的控除の対象となる人の年齢計算である。年齢の計算はその年の12月31日現在を基準とする。例えば、2015年の所得税計算ならば、2015年10月生まれは0歳、2014年10月生まれは1歳。2013年10月生まれは2歳とカウントする。

---

[2]　二宮丁三：『改正所得税計算法』、pp.8～9、経済社出版部、1920年

基礎的人的控除							特別の人的控除					
	配偶者控除		配偶者特別控除	扶養控除			障害者控除			寡婦		
基礎控除	一般	老人(70歳以上)		一般	特定扶養家族	老人扶養親族		一般	特別障害者	同居特別障害者	一般	特定	寡夫	勤労学生
						同居老親	同居老親以外							
38万円	38万円	48万円	最高38万円	38万円	63万円	48万円	58万円	27万円	40万円	75万円	27万円	35万円	27万円	27万円

図 1.12　人的控除の種類

1.6.3　基礎的人的控除

前項でも挙げた3つの基礎的人的控除について、以下、解説する。

① 基礎控除

給与所得者本人に対する基礎控除は、38万円である。この数字の根拠について国税庁は明示していないので類推でしかないが、根拠は考えられる。例えば、大人は、1日1,000円、月3万円の食費があれば何とか最低限度の生活を維持でき、年間では36万円となる。人的控除額38万円はこれに近い金額である。税務署はこれをもって最低限度の必要経費と考えているのかもしれない。

② 配偶者控除

専業主婦の場合、配偶者控除は夫の基礎控除と同額の38万円である。1960年12月の「税制調査会第一次答申」において、「家事、子女の養育等家庭の中心となつて夫が心おきなく勤労にいそしめるための働きをしており、その意味で夫の所得の稼得に大きな貢献をしている。このような家庭における「妻の座」を」[3]税制上もなんらかの形でこれを反映したものとしてしかるべきであるとした。さらに、続けて「単に夫に扶養されているものという立場で決めるのではなく、……所得者たる夫と同額も

---

3) 公益社団法人日本租税研究協会：『税制調査会答申集』「昭和35年12月　当面実施すべき税制改正に関する答申(税制調査会第一次答申)及びその審議の内容と経過の説明」、pp.44～47（http://www.soken.or.jp/p-document/zeiseichousa-toushinshu.html）

のを認めてよい」とした。

　しかし、「平成15年度における税制改革についての答申」（平成14年11月）において、税制調査会は「……共働き世帯数が専業主婦世帯数を上回るようになってきた。女性の就業状況にも世帯主の補助的な就労から本格的な就労への移行傾向が見られるようになっている。……パート労働者の就労を阻害しないよう、税引き後の手取りの逆転現象に対する所要の配慮措置を講じる必要がある」[4]とした。

　所得税の計算式では、配偶者控除は、夫の給与所得金額が1,000万円を上回ると、配偶者控除は受けられず、配偶者控除額は0円である。そうでなければ、配偶者の給与収入金額が103万円未満で、配偶者本人の年齢が満70歳以上の場合なら、配偶者控除額は48万円、満70歳未満ならば38万円となる。

　配偶者の給与収入金額が103万円以上の場合、配偶者本人の給与収入に応じて、次のように3段階の対応が行われる。

❶ 給与収入103万円未満：配偶者控除38万円（70歳以上48万円）。
❷ 103万円以上141万円まで：配偶者特別控除は一定額となる（表1.5参照。なお、給与所得金額が1,000万円超の納税者本人には、妻の特別配偶者控除は認めない）。
❸ 141万円以上：0円。

さらに、「103万円以上141万円まで」の場合は、表1.5のようになっている。

表1.5　配偶者の控除額一覧

給与収入金額		控除額
103万円未満	配偶者控除	38万円
103万円〜105万円未満	配偶者特別控除	38万円
105万円〜110万円未満		36万円
110万円〜115万円未満		31万円
115万円〜120万円未満		26万円
120万円〜125万円未満		21万円
125万円〜130万円未満		16万円
130万円〜135万円未満		11万円
135万円〜140万円未満		6万円
140万円〜141万円未満		3万円
141万円〜		0円

---

[4]　経済財政諮問会議Webページ：『平成14年　会議結果』「第35回会議（平成14年11月15日）資料」、p.5(http://www5.cao.go.jp/keizai-shimon/minutes/2002/1120/item5.pdf#page=1)

ここで、配偶者の定義について説明する。所得税法上の配偶者とは、民法の規定による配偶者である。民法第 739 条(婚姻の届出)第 1 項において、「婚姻は、戸籍法の定めるところにより届け出ることによって、その効力を生ずる」と規定する。つまり、所得税計算は、法律婚主義の立場に立ち、事実婚の立場には立っていない。配偶者は、「法律婚である者に限られると解するのが相当」[5)]との判断を最高裁も下している。したがって、内縁関係にあってたとえ会社から家族手当をもらっていたとしても、民法では妻とは規定されない。また、日本国憲法第 24 条は、「婚姻は、両性の合意のみに基づいて成立」すると規定して、当事者は男女であることを条件としている。なお、法律婚の配偶者であっても、配偶者控除を受けるには、青色申告者(個人事業主)の事業従事者かつ一度も給与の支払いを受けていないなどの制約がある。反対に、妻が働いていて、夫が主夫ならば、妻が給与所得者本人となることに注意する。

■雑学 6：法律婚、事実婚、そして同棲の法律上の扱い

父母の反対で婚姻届が出せないカップルや、夫婦別姓を実現するために婚姻届を出さないカップルなど、意識的な法律婚拒否のカップルも増加してきた。内縁関係の夫婦も多い。ここで、両者に結婚の意識があり周囲も認めているのが事実婚である。法律婚でないから、その妻は配偶者控除を受けられない。相続の権利もないから、夫が死んでも遺産はこない。しかし、健康保険法、厚生年金保険法、児童扶養手当法、母子及び寡婦福祉法、労働者災害補償保険法は、事実婚の配偶者を法律上の配偶者と同様に扱う。国税徴収法についても、「生計を一にする親族」に事実婚の配偶者を含むので、死んだ夫の残した税金は内縁の妻は支払う義務がある。国勢調査においても「届出の有無にかかわらず、実際の状態により」「妻または夫である人」を、「有配偶者」とする。同棲は単に一緒に住んでいるだけで、何の法的な権利も義務もない。一説によると、同棲の 8 割が結婚には至らないとのことである。同棲は互いに完成品を求めるものであるが、結婚は相手に完成品を求めるのではなく、両者で作り上げていくものである。相手をほかの同性と比べるものではない。

③　扶養控除

扶養控除の対象者は、配偶者以外の満 16 歳以上の親族(6 親等内の血族と 3 親等内の婚族)で給与収入 103 万円以下の人である。この親族の概念は、民法第 725 条の親

---

5)　最高裁第三小法廷、平成 9 年。

表 1.6 扶養控除

扶養控除の対象者	扶養控除額
0歳〜15歳	0円
16歳〜18歳(12月31日現在での満年齢)	38万円
19歳〜22歳(12月31日現在での満年齢)	63万円
23歳〜69歳(12月31日現在での満年齢)	38万円
70歳〜 (12月31日現在での満年齢)	老人扶養親族とよぶ
同居老親	58万円
同居老親以外	48万円

族の規定に従っている。扶養控除の詳細は表1.6のとおりである。

19歳〜22歳で扶養控除金額が63万円に切り上がっているのは、専門学校、短大そして大学などに進学する場合を想定して、授業料などの家計負担を考慮しているものと思われる。また、15歳以下の児童に対して控除額がまったく考慮されていないのは、彼らに対して児童手当が月1万円、あるいは1万5,000円支給されているからである。

同居老親とは、納税者またはその配偶者の直系の尊属(父母・祖父母など)で、納税者またはその配偶者と「同居を常況としている」人をいう。

④ まとめ

これまでの基礎的人的控除を図1.13で示す。繰り返して述べると、満15歳以下の子供は親の扶養家族であっても控除対象の扶養者ではない。児童手当を支給されているので、控除対象にはならないからである。16歳〜18歳の子供は一人38万円が控除される。19歳〜22歳までの子供は、63万円が控除される。23歳〜69歳の家族は一人38万円が控除される。70歳以上の老人については48万円、とくに同居老親については58万円の控除となっている。

1.6.4 児童手当

前項で説明したように、0歳〜15歳には、人的控除は適用されない(図1.13)。その代わりに、児童手当が支給される。

その額は、受給者ごとに「0歳〜18歳に到達してから最初の年度末までの間にある児童(支給要件児童とよぶ)が何人いるか」、そして「児童が何歳か」に応じて決定

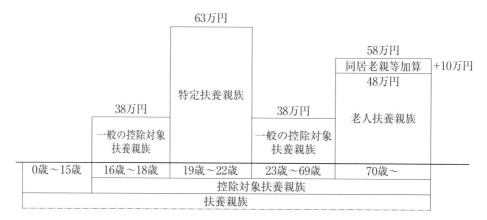

図 1.13　年代順の扶養控除額見取り図

される。大学生の長男 (21 歳) は、所管の厚生労働省から見ると「子供ではない」となる。児童手当が支給されるのは、0 歳〜 15 歳までの児童である。16 歳は支給されない (表 1.7)。

表 1.7　児童手当の支給要件と金額

年齢	第二子まで	第三子以降
0 歳〜 2 歳	15,000	15,000
3 歳〜 12 歳	10,000	15,000
13 歳〜 15 歳	10,000	10,000
16 歳以上	0	0

児童手当は、対象児童が 3 歳未満の場合は一律月額 15,000 円、3 歳〜小学生修了 (12 歳) までの場合や支給要件児童が上から数えて第三子以降であれば 15,000 円、それ以外は 10,000 円が支給される。中学生以上であれば一律 10,000 円、16 歳以上の子供については、所得税の扶養控除額を考慮しているので、児童手当は支給されない。しかし、弟妹の支給条件の一つにはなっている。

表 1.8 のケース 1 では、21 歳の長男は、児童手当の計算の範囲に入らない。「第一子であっても子供ではない」扱いである。2 番目の 16 歳の子供は児童手当の計算の範囲には入る。児童手当では第一子とされる。しかし、16 歳は所得税の控除対象者になっているので、児童手当は支給されない。3 番目の 13 歳の子供は第二子なので 10,000 円の支給を受ける。ケース 2 では、18 歳の子供は支給要件児童になるので、

1.6 所得税速算システムの枠組み(2) - 所得控除その1(人的控除)

表1.8 児童手当の例示

	ケース1		ケース2		ケース3	
21歳	0	支給されない	18歳	1	支給されない	18歳	1	支給されない
16歳	1	支給されない	16歳	2	支給されない	16歳	2	支給されない
13歳	2	1万円	13歳	3	1万円	12歳	3	1.5万円
10歳	3	1.5万円	10歳	4	1.5万円	10歳	4	1.5万円

13歳は第三子となり、10,000円を支給される。ケース1とケース2では子供の数え方が違う。次にケース2の第三子は13歳であるがケース3では12歳である。第三子の12歳は15,000円を支給される。

問17 if関数とvlookup関数を使って、児童手当速算表を作成しなさい。

(略解) 速算のフローチャートを図1.14に示した。

if関数で児童の年齢が19歳以上かどうかを判別する。19歳以上ならば、児童手当の定義の子供数にはカウントしないから0、19歳未満ならば1とカウントし、次の子供には順次1を加えていく。

これをExcelで計算する。児童が第何子かに応じて、vlookup関数の照合範囲の列を変える。第二子までは2列目、第三子以降は3列目を見る。

このときポイントとなる計算式は以下のとおりである。

- D3 : = if(C3<19,0,1)
- D4 : = if(C4<19,0,1 + D3) ←これをD5からD8までコピーする。
- E3 : = if(C3<19,if(D4<3,vlookup(C4, $G$3 : $I$6,2),vlookup(C4, $G$3 : $I$6,3)),0)
  ←これをE4からE8にコピーする。

以上のように入力すると図1.15(39頁)のようになる。

問18 国民的アニメ「サザエさん」でおなじみの磯野家は、世帯主の磯野波平とその妻・フネの間に、サザエ(24歳)、カツオ(11歳)、ワカメ(9歳)の子どもがいる。サザエは夫のフグ田マスオ(28歳)と息子のフグ田タラオ(3歳)と磯野家に同居している。ここで年収を、波平が500万円、マスオが350万円とした場合、支給される児童手当はそれぞれいくらになるか。図1.15(39頁)のワークシートを使って求めよ。

(略解) 厚生労働省の基準では、磯野家はカツオが第一子、ワカメが第二子となるため、それぞれ1万円の手当てが支給される。フグ田家は、タラオは第一子で3歳だから1万円が支給される。それぞれ計算して各自で確認してほしい。

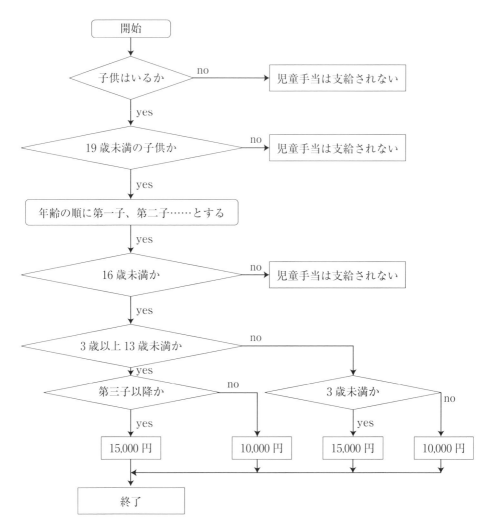

図 1.14　児童手当速算のフローチャート

1.6.5 特別の人的控除

　障害や高齢などの特別な事情がある場合、一般的に日常生活に追加的な費用が必要となるので、税金の支払い能力が弱くなる。そのため、そういった事情を考慮して、基礎的人的控除に加え、障害者控除、老年者控除、寡婦控除、寡夫控除、勤労学生控除が設けられている。社会的な弱者であり、所得の獲得に非常な努力を要するとして「不具者控除」(1959 年に障害者控除に名称変更)が創設された。1951 年には、「老年者

1.6 所得税速算システムの枠組み(2)－所得控除その1(人的控除)

	B	C	D	E	F	G	H	I
1						児童手当の金額		
2	第何子	子供の年齢	厚生労働省の第何子	児童手当		年齢	第二子まで	第三子以降
3	1	20	0	0		0	15,000	15,000
4	2	19	0	0		3	10,000	15,000
5	3	19	0	0		13	10,000	10,000
6	4	12	1	10,000		16	0	0
7	5	9	2	10,000				
8	6	2	3	15,000				
9				35,000	←	合計		

図 1.15　児童手当のワークシート

控除」「寡婦控除」「勤労学生控除」が創設された。これらはすべて所得獲得上、あるいは社会的に弱者であるという配慮にもとづくものであった。これらはすべて税額控除であったが、税制の簡素化を優先して 1967 年に所得控除に変更された。

(1) 障害者控除

一般障害者であれば 27 万円、重度の障害者である特別障害者であれば 40 万円が控除される。この扶養親族が同居していて、かつ特別障害者であるならば、75 万円が控除される (表 1.9)。例えば、88 歳の介護度の重い祖母を自宅で面倒みている場合は、扶養控除は、「58 (同居老親) + 75 = 133 万円」となる。なお、障害者控除は扶養親族が 15 歳までの子供であっても適用されることに注意してほしい。

以下、3 種類の障害者控除を基礎的人的控除に上乗せした図が図 1.16 ～ 図 1.18 である。

① 年代別の扶養控除額 (一般障害者)

扶養者が一般障害者の場合は、一律 27 万円の控除が加算される。例えば、19 歳～ 22 歳の場合、63 万円に 27 万円が加算されて、90 万円が控除される (図 1.16)。

表 1.9　障害者の区分

障害者の区分	控除額
①一般障害者	27 万円
②特別障害者	40 万円
③同居特別障害者	75 万円

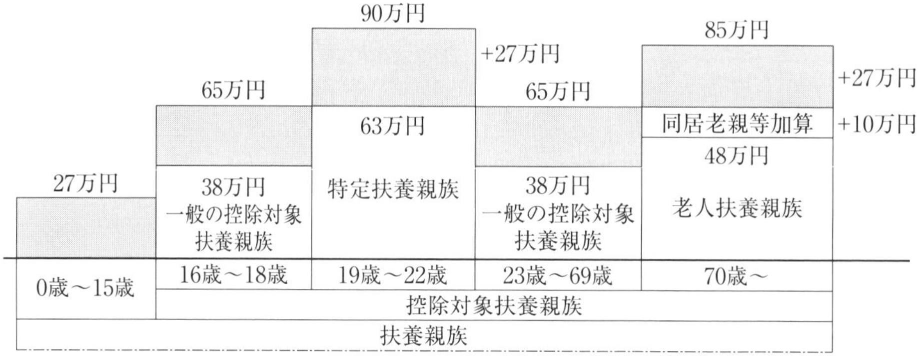

図 1.16　一般障害者の年代順の扶養控除額見取り図

② 年代別の扶養控除額（特別障害者）

扶養者が特別障害者の場合は、一律 40 万円の控除が加算される。例えば、19 歳から 22 歳の場合、63 万円に 40 万円が加算されて、103 万円が控除される（**図 1.17**）。

③ 年代別の扶養控除額（同居特別障害者）

扶養者が同居特別障害者の場合は、一律 75 万円の控除が加算される。例えば、19 歳～ 22 歳の場合、63 万円に 75 万円が加算されて、138 万円が控除される（**図 1.18**）。

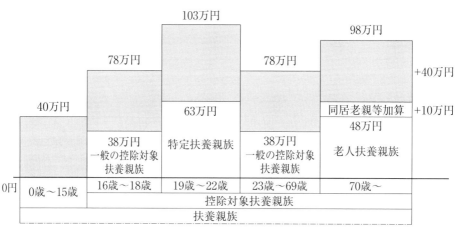

図 1.17　特別障害者の年代順の扶養控除額見取り図

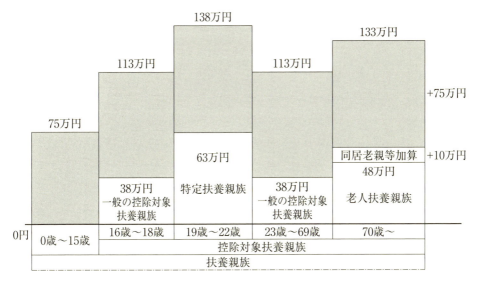

図 1.18　同居特別障害者の年代順の扶養控除額見取り図

(2) 寡婦控除

1951 年の税制改正で「担税力の比較的に薄弱と認められる老年者、寡婦及び勤労学生」に関して、老年者控除、勤労学生控除とともに寡婦控除が創設された。「寡婦で1名以上の扶養親族を抱えている者は、職業の選択も制限され、所得を得るために特別の労度を要し」という理由で創設された[6]。寡婦とは、夫と死別ないし離婚し再婚していない婦人、あるいは夫の生死の明らかでない婦人と定義されている。当時の時代背景には、戦争未亡人が大きな社会問題となっていたことがあった。

現行の規定では、①婦人に扶養親族(子供でなくてもよい)がいて、扶養親族の給与所得が 38 万円(給与収入だけならば 103 万円)以下か、あるいは②婦人の所得金額 500 万円(給与収入だけならば 688 万 8,888 円)以下の人を指す。この場合、27 万円の寡婦控除がつく。1989 年には「女手一つで子を抱えながら家庭を支えている低所得者の寡婦に配慮して、その負担軽減を図る見地から、寡婦控除について 8 万円の特別加算を行う特例制度」として、①かつ②の両方の条件を満たす場合、35 万円(= 27 万円 + 8 万円)の特定寡婦控除がつくことになった。なお、未婚のシングルマザーの

---

[6]　肥後治樹:「租税法における「配偶者」について」、『筑波ロー・ジャーナル』6 号、筑波大学大学院ビジネス科学研究科、2009 年

場合、現在、寡婦控除は適用されない。ちなみに、1981年度の税制改正により、母子家庭と同様に父子家庭の措置として新たに寡夫控除が創設されている。寡夫控除の要件は、寡婦と同様である。特定寡婦控除はある一方で、特定寡夫控除はない。

(3) 勤労学生控除

勤労学生とは、以下のいずれかに該当する学生・生徒で、さらに、「給与所得などの勤労による所得金額が65万円以下かつ給与所得以外の所得が10万円以下」という条件に合う者である。

① 学校教育法に規定する小学校、中学校、高等学校、大学、高等専門学校に在籍している。

② 国、地方公共団体、学校法人等により設置された専修学校又は各種学校のうち一定の課程を履修している。

③ 職業能力開発促進法の規定による認定職業訓練を行う職業訓練法人で一定の課程を履修している。

例えば、給与所得だけの人の場合は、給与収入金額が130万円以下であれば給与所得控除65万円を差し引いて、給与所得金額が65万円以下となる。つまり、アルバイト収入が年間130万円の学生は所得税を免れることができる。ちなみに、勤労学生控除は、1951年という戦後の混乱期に「家庭の事情でアルバイトを行い、学業を続ける学生には特別の労苦があるだろう」として創設された。大学生の所得税関連の話題は、**1.7節**でも解説しているので参考にしてほしい。

■雑学7：血族（尊属と卑属）と婚族

扶養控除について説明されるとき、血族と婚族という言葉が出てくる。血族とは、血がつながっている人々を指す。例えば、実父母と実子は一親等、実の兄弟、実孫、実祖父母は二親等、曾祖父母は三親等、曾孫、伯父叔母、甥姪、そして従兄弟姉妹は四親等にあたる。なお、血族には、養子縁組をした養父母や養子といった法定血族も入る。

血族関連の用語にはさらに尊属と卑属がある。尊属とは自分よりも先の世代に属する直系および傍系の血族である。例えば父母・祖父母などを直系尊属、伯父叔母などを傍系尊属という。卑属とは自分より後の世代に属する直系および傍系の血族である。例えば、子・孫などを直系卑属、甥・姪などを傍系卑属という。兄弟姉妹や従兄弟姉妹などは自分と同世代であるから尊属でも卑属でもない。

姻族とは、結婚相手の父母兄弟など、血がつながっていない人々を指す。また、六親等内の血族と配偶者の三親等内の姻族を親族という。このため、身寄りのない老人を自宅で世話しても、老人扶養親族には該当しない。

■雑学8：人的控除と生活保護法

　人的控除は日本国憲法第25条にもとづいて最低生活費を控除するために設けられている制度である。一方、同じ25条の要請を受けた制度に生活保護法がある。生活保護法は最低生活を維持する経済的基盤のない者に、国家が必要に応じて生活保護費を給付することを定めている。この給付額は人的控除額よりも相当大きい。このことから、「人的控除は生活保護法の基準に合わすべきである」という理屈が出てくる。例えば、東京都の生活保護費は、男33歳、女29歳、子4歳の世帯で、生活扶助は月額16万6,814円、住宅扶助は最大で6万9,800円などが支給されており、年間200万円を超えている。さらに、各世帯の状況に応じて、妊産婦などの加算があり、臨時的な経費として被服費、家具什器費、移送費、入学準備金、教材費の実費などが支給される。もしも、彼ら夫婦が働いているならば、人的控除は38万円×2＝76万円で、これに子の児童手当が15,000円×12＝18万円分加わり、公的な支援は計94万円分に過ぎない。したがって、今後の人的控除の水準は、生活保護水準をにらみながら社会的経済的動向を考慮しつつ検討すべきであろう。

1.7　所得税速算システムの枠組み（3）－所得控除その2（物的控除）

1.7.1　民間保険と社会保険

　福澤諭吉は『西洋旅案内』のなかで、保険のことを「一人の災難を大勢に分かち、僅の金を棄て大難を遁る」と説明している。このように、保険とは多くの人々の間でリスクをシェアすることにより、さまざまな「事故」による所得の変動を小さくする仕組みである。例えば、加入者1,000人から死亡保険料として一人1万円ずつ徴収し、この1,000万円を万が一の準備金とする。もし、この年に一人の死亡者が出た場合、準備金1,000万円を遺族に支払う。いわば集団香典料である。

　しかし、民間保険は任意加入である。例えば、がん保険は加入したい人が自由に選択して契約する。がん契約の口数が多ければたくさん入院金がもらえるが、ガンにかからなかった人は何ももらえない。保険制度は危険を平均化してその分散を図る仕組みのため、実際に危険に遭遇する者としない者の間で、所得の再分配が行われる。死

亡した人の家族には死亡保険金が入り、平穏に過ごせた人には保険料が戻らない。

その一方で、社会保険は法律によって加入が義務付けられている。社会保険の場合、「所得階層間の所得再分配効果がある。すなわち、高い賃金をとる労働者の所得と低い賃金をとる労働者の所得との再分配がある」[7]とされている。社会保険は、本人の収入の程度によって徴収される保険料が違うが、提供される医療サービスは全国均一である。診療報酬は全国のどの病院でも同じで、名医でも駆け出し医でも同じ料金が請求される。社会保険には、「賃金と利潤との再分配効果がなければならぬ。……これが社会保険をして社会政策だとする最も基底的な根拠となる効果である」[8]と考えられている。そのため、労働者の社会保険は、労使折半主義（労働者と企業が保険料を折半して負担する考え方）により、本人が給料から負担するだけでなく、企業も利潤の一部を供出して負担している。

1.7.2 日本の社会保険制度

日本国憲法第25条の後段に「国は、すべての生活部面について、社会福祉、社会保障及び公衆衛生の向上及び増進に努めなければならない」とある。社会保険とは、この規定に沿って、社会政策や社会保障を実現するため、保険制度を用いて行う公的な制度であり、日本の社会保障制度（ほかに社会福祉、公的扶助、保健衛生）の中核に位置する。なお、日本は国民皆保険・皆年金を達成している。

社会保険制度の目的は保険事故によって生ずる個人の生活が経済的に脅かされる事態を防ぎ国民生活の安定を図ることにある。民間の保険では、個人がいくら窮乏化していても「偶然の事故」以外の事故の場合には給付は行われない。その一方、社会保険で定義される事故の範囲は非常に広く、病気・けが、死亡、分娩、老齢、身体障害、脱退、失業などが保険の範囲内とされる。

表1.10に示すように、社会保険は、①医療保険、②退職後に支払いを受ける公的年金保険、③介護保険、④高齢者医療保険、⑤雇用保険（失業保険）、そして⑥労災保険からなっている。

① 医療保険
② 公的年金保険

---

7) 近藤文二、『社会保険』、p.83、岩波書店、1963年
8) 近藤文二、『社会保険』、p.84、岩波書店、1963年

1.7 所得税速算システムの枠組み(3)－所得控除その2(物的控除)　45

表1.10　社会保険制度一覧

	種類	被保険者の費用負担	保険者(事業主や国など)の費用負担
①	医療保険	一定割合を負担する	一定割合を負担する
②	公的年金保険	一定割合を負担する	一定割合を負担する
③	介護保険	一定割合を負担する	一定割合を負担する
④	高齢者医療保険	一定割合を負担する	一定割合を負担する
⑤	雇用保険	一定割合を負担する	一定割合を負担する
⑥	労災保険	負担なし	全額負担する

　この2つは、職域によって制度化されている。例えば、健康保険組合(大企業の従業員)、全国健康保険協会(中小企業の従業員)、国民健康保険(自営業者、農業者、退職者)、国民年金、農業者年金、厚生年金保険、船員保険、国家公務員共済組合、地方公務員等共済組合、私立学校教職員共済といった組織が制度運営を任っている。

③　介護保険とは、介護を要する高齢者を社会全体で支えようとする制度である。介護老人の問題は家庭内部の問題ではなく、社会全体の問題であるとして、2000年に創設された。介護を要する患者の長期的入院費は高コストであり、医療保険では介護の対応に限界があるため、別建にされている。

④　高齢者医療保険は、65歳～74歳までの前期高齢者医療保険と75歳以上の後期高齢者医療保険がある。

⑤　雇用保険とは失業保険のことである。

⑥　労災保険は、業務中の災害事故に関する保険である。その費用はすべて保険者である事業主側が支払うため、労働側は一切払う必要がない。

個人にとっての、社会保険料は①～⑤の負担分を合計したものとなる。

1.7.3　物的控除の種類

　図1.19で示すように、①社会保険料控除、②生命保険料控除、③地震保険料控除、④医療費控除、⑤雑損控除、⑥寄付金控除、⑦小規模企業共済等掛金控除の7種類である。

(1)　社会保険料控除

　社会保険料は、「給与所得者」「自営業者や老人」ではその扱いが大きく異なり、その全体を示すとなると本書の範囲を大きく越える。そのため、以下、「民間の給与所

| ① 社会保険料控除 | ② 生命保険料控除 | ③ 地震保険料控除 | ④ 医療費控除 | ⑤ 雑損控除 | ⑥ 寄付金控除 | ⑦ 小規模企業共済等掛金控除 |

図 1.19　物的控除の種類

得者とその家族」が入会している健康保険組合および全国健康保険協会の医療保険料に話を絞って解説する。1.8.8 項では、厚生年金保険料について解説する。

- 健康保険組合：主として大企業の給与所得者とその家族が所属している。1,443 組合あり、2,950 万人が所属している。
- 全国健康保険協会：主として中小企業の給与所得者とその家族が所属している。その数は 3,488 万人である。

健康保険組合の場合、概算で保険料は年収の 10%程度である。もちろん実際の保険料は各社の健康保険組合の財政状況などによって異なるため、おおよその目安である。

社会保険料の上限は、給与と賞与(ボーナス)では異なる。給与から徴収する社会保険料は健康保険と厚生年金を含めておおよその上限は 200 万円である。賞与では健康保険の上限は 540 万円となる。また、厚生年金の上限は 150 万円なので、これらの合計額は 690 万円である。本書では給与と賞与を一括した給与収入金額にもとづいて解説していることから、社会保険料の上限を 900 万円と仮定する。

なお、保険料は労使折半主義、つまり労働者と使用者(勤務先)が半分ずつ支払う仕組みになっている。したがって、健康保険料率約 10%の半分の 5%が労働者の負担となる。健康保険法の第 161 条において、「被保険者及び被保険者を使用する事業主は、それぞれ保険料額の 2 分の 1 を負担する」とある。ただし、同法第 162 条において「健康保険組合は、前条第 1 項の規定にかかわらず、規約で定めるところにより、事業主の負担すべき一般保険料額又は介護保険料額の負担の割合を増加することができる」と規定されている。そのため、企業によっては、会社側負担が 6、従業員負担が 4 となるところもある。

ちなみに自営業者と老人は、各市町村の国民健康保険に入るが、保険料は、各市町村によって異なる。例えば、兵庫県西宮市では、2014 年度の保険料は「所得金額の

6.9%（所得割）＋ 2 万 7,720 円（均等割）＋ 2 万 1,120 円（平等割）」とされ、年間最高限度額は 51 万円である。

(2) 生命保険料控除

　生命保険料は次の 3 種類からなる。なお、これらはすべて民間の保険会社に支払う保険料である。

　① 一般生命保険料：死亡時に給付される。
　② 介護医療保険料：介護や医療のための入院や通院時に給付される。
　③ 個人年金保険料：給付される時期は保険会社によって異なる。

　これらの保険料を保険会社に支払った場合には一定の所得控除金額を受けることができる（図 1.20）。

　また、生命保険料と損害保険料は、いずれも戦後、貯蓄奨励などの政策的目的から創設されたため、その後の経済成長で国民の金融資産が大幅に増えたことから、近年見直しされ、いずれも改定されている。そのため、2012 年 1 月 1 日より締結した保険契約と 2011 年 12 月 31 日以前に締結した保険契約の間では、保険料控除の扱いが異なる。

　旧生命保険料控除も、旧損害保険料控除も、国民への普及率が前者では 8 割を超え、後者でも 6 割を超えたことから政策的な誘引措置はほぼ達成されたと考えられる。しかしその一方で、高齢化の進展に伴い、国家的見地から介護医療保険契約や個人年金契約を推進するため、介護医療保険料や個人年金保険料の控除が導入された。それらの契約の普及率はそれぞれ 1 割および 2 割強でまだ低く政策的な意義がある。

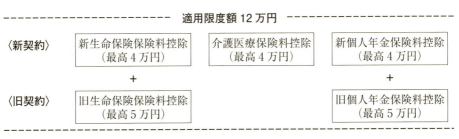

図 1.20　生命保険料控除額

① **一般生命保険料控除**

民間の生命保険に対する保険料に対する控除額の仕組みはすでに解説したとおりである。

問19 新一般生命保険料控除額が3万円、旧一般生命保険料控除額が4万9,000円の場合、一般生命保険料の控除額はいくらか。

(略解) 表1.11の❸によれば、新旧両方の控除額を適用すれば、控除額最高は4万円である。しかし、旧のみを適用すれば、❷より4万9,000円となる。したがって、旧保険料の控除額を記入して、控除額を4万9,000円とする。

表1.11 一般生命保険料控除額一覧

❶ 新契約の場合

年間の支払保険料	控除額
2万円以下	支払保険料全額
2万円超～4万円以下	支払保険料×(1/2) + 1万円
4万円超～8万円以下	支払保険料×(1/4) + 2万円
8万円超	一律4万円

❷ 旧契約の場合

年間の支払保険料	控除額
2万5,000円以下	支払保険料全額
2万5,000円超～5万円以下	支払保険料×(1/2) + 1万2,500円
5万円超～10万円以下	支払保険料×(1/4) + 2万5,000円
10万円超	一律5万円

❸ 両契約加入の場合

適用する生命保険料控除	控除額
新契約生命保険のみの保険料控除を適用	新契約の場合の控除額
旧契約生命保険のみの保険料控除を適用	旧契約の場合の控除額
新契約および旧契約の双方の保険料控除を適用	両契約の控除額合計額(最高4万円)

❹ 控除額の限度

上記に従って計算した生命保険料控除額は、最高12万円である。

② 介護保険料控除

民間の介護保険料に対する控除額の仕組みは図 1.20 の〈新契約〉と同じである。なお、公的な介護保険に関しては 40 歳～ 64 歳の各種の健康保険制度に加入する人が介護保険料を納める。

③ 個人年金保険料控除

国の年金制度だけに頼らず、民間の個人年金保険に入る人が支払う保険料に対する控除である。控除額の仕組みは図 1.20 と同じである（表 1.11）。

問 20 新旧の保険契約に対する、保険料控除額を速算する Excel の計算式を作成せよ。
(略解) 図 1.23（52 頁）のとおりである。C 列のセルの数値は支払保険料を示す。D 列のセルは計算式にもとづく控除額である。控除額の数値は、図 1.20 と表 1.11 にもとづく。

(3) 地震保険料控除

地震保険への加入を促進するための税制上の仕組みとして、創設された（表 1.12）。2006 年の税制改正で、2007 年分から損害保険料控除は廃止されたが、経過措置として 2006 年 12 月 31 日までに締結した契約などについては、地震保険料控除の対象とすることができる。なお、地震保険は、単独で加入できず、必ず火災保険とセットで契約する仕組みである。国と損保会社が共同で運営している公共性の高い保険であり、国が全面的に支援しているため、損保会社に利益は生じない。

問 21 地震保険契約に対する、保険料控除額を速算する Excel の計算式を作成せよ。
(略解) 表 1.12 にもとづいて控除額を計算すると、図 1.21 のようになる。

表 1.12 地震保険料控除額一覧

区分	支払保険料	控除額
地震保険料	5 万円以下	支払金額全額
	5 万円超	5 万円
旧長期損害保険料	1 万円以下	支払金額全額
	1 万円超～ 2 万円以下	支払金額 ÷ 2 + 5,000 円
	2 万円超	1 万 5,000 円
両方を支払っている場合		それぞれの控除額合計（最高 5 万円）

	A	B	C	D	
1		地震保険料			
2			支払保険料	控除額	
3		(1) 地震保険	78,000	50,000	← =if(C3<=50000,C3,50000)
4		(2) 旧長期損害保険	120,000	15,000	← =if(C4<=10000,C4,if(C4<=20000,C4*(1/2)+5000,15000))
5		(3) 両契約加入	198,000	50,000	← =if(D3+D4<=50000,D3+D4,50000)
6					

図 1.21　地震保険料控除額のワークシート

以上、解説した「一般生命保険」「介護保険」「個人年金保険」の控除の計算手順をまとめると**図 1.22**のフローチャートのようになる。これにもとづいて控除額を計算すると、例えば**図 1.23**のようになる。

(4) 医療費控除

思いがけない医療費の出費を配慮して創設された制度である。納税者本人や配偶者、そしてそのほかの親族のために医療費を支払った場合、一定金額の所得控除を受けることができる。医療費には、①病院での治療費や入院代、②ドラッグストアの薬代、③按摩やマッサージ代が含まれる。医療費控除の対象となる金額は、次式で計算した金額(最高で 200 万円)となる。10 万円を超えた部分を「医療費控除」とする。例えば、23 万円の医療費支出に対して、13 万円が医療費控除となる。

医療費控除額＝医療費の合計額 − (a) 保険金などで補てんされる金額
　　　　　　　　− (b) 10 万円

なお、(a) には、生命保険契約などで支給される「入院費給付金」や健康保険などで支給される「高額療養費・家族療養費・出産育児一時金」などを含む。

もし、医療費が 18 万円で保険からの医療費補助が 5 万円だったならば、3 万円(= 18 − 5 − 10)が医療費控除額となる。同じく医療費が 18 万円でも保険からの補助が 10 万円ならば医療費控除は適用されない。また、(b) に関しては、総所得金額等が 200 万円未満の人は、10 万円ではなく総所得金額等 5％の金額となる。

問 22　病院での医療費およびドラッグストアでの薬代の合計が 33 万円かかった。保険金の補てんがなく、総所得金額が 200 万円以上の場合、医療費控除額はいくらか。

(略解)　医療費控除額の計算式より「33 万円 − 10 万円 = 23 万円」となる。

1.7 所得税速算システムの枠組み(3)−所得控除その2(物的控除) 51

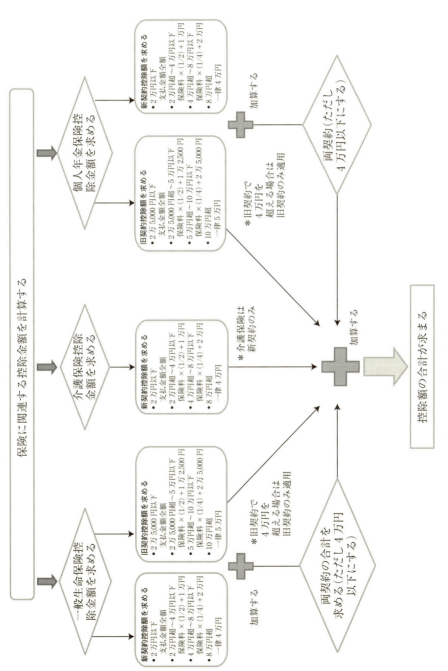

図 1.22 保険料控除額のフローチャート

52　第1章　所得税の速算システム

	A	B	C	D	E
1					
2		(a)　一般生命保険			
3			支払保険料	控除額	
3		(1) 新契約	30,000	25,000	
4		(2) 旧契約	120,000	50,000	
5		(3) 両契約加入	150,000	50,000	→新契約控除額が2万5,000円、旧契約控除額が5万円であるので、旧契約控除額5万円を申請すると得である。しかし、新旧両方では4万円が控除最高額なので、新旧両方での申請は避ける。
6					
7		(b)　介護保険			
8			支払保険料	控除額	
9		(1) 契約	40,000	30,000	
10					
11		(c)　個人年金保険			
12			支払保険料	控除額	
13		(1) 新契約	30,000	25,000	
14		(2) 旧契約	20,000	20,000	
15		(3) 両契約加入	50,000	40,000	→新契約控除額と旧契約控除額の合計は4万5,000円となる。新旧両方では4万円が控除最高額なので、申請額は4万円となる。
16					
17		控除額合計		120,000	←(a)、(b)、(c)の控除額の合計は12万円が限度である。
18					

〈セル情報〉

D3 : =if(C3<=20000,C3,if(C3<=40000,C3*(1/2)+10000,if(C3<=80000,C3*(1/4)+20000,40000)))
D4 : =if(C4<=25000,C4,if(C4<=50000,C4*(1/2)+12500,if(C4<=100000,C4*(1/4)+25000,50000)))
D5 : =if(D4>40000,D4,if(D3+D4>40000,40000,D3+D4))

D9 : =if(C9<=20000,C9,if(C9<=40000,C9*(1/2)+10000,if(C9<=80000,C9*(1/4)+20000,40000)))

D13 : =if(C13<=20000,C13,if(C13<=40000,C13*(1/2)+10000,if(C13<=80000,C13*(1/4)+20000,40000)))
D14 : =if(C14<=25000,C14,if(C14<=50000,C14*(1/2)+12500,if(C14<=100000,C14*(1/4)+25000,50000)))
D15 : =if(D14>40000,D14,if(D13+D14>40000,40000,D13+D14))

D17 : =if(sum(D5,D9,D15)>120000,120000,sum(D5,D9,D15))

図1.23　保険料控除のワークシート

(5) 雑損控除

「災害又は盗難若しくは横領によって、資産について損害を受けた場合」等には、一定の金額の所得控除を受けることができる。この控除対象者は、「(a)納税者本人か配偶者やその他の親族で、その年の総所得金額等が38万円以下の者」および「(b)生活に通常必要な住宅、家具、衣類などの資産であること」が必要で、「事業用資産や別荘、書画、骨とう、貴金属等で1個又は1組の価額が30万円を超えるもの」などは適用外となる。例えば、所得金額が500万円の人や時価100万円の壺を盗まれた人は雑損控除はできない。雑損控除の対象となる損害の原因は、次のいずれかの場合に限られる。なお、詐欺や恐喝による損害は適用外である。

(a) 震災、風水害、冷害、雪害、落雷など自然現象の異変による災害。
(b) 火災、火薬類の爆発など人為による異常な災害。
(c) 害虫などの生物による異常な災害。
(d) 盗難。
(e) 横領。

雑損控除として控除できる金額については、次の2つのうちいずれか多いほうの金額となる。

① 差引損失額 − 総所得金額等 × 10%。
② 差引損失額のうち災害関連支出の金額 − 5万円。

ここで、「差引損失額」は、「差引損失額＝損害金額 − 災害関連支出の金額 − 保険金などにより補てんされる金額」のように計算される。

「損害金額」とは、損害を受ける直前の資産の時価を基準にして計算した損害額のことである。「災害関連支出の金額」とは、災害で滅失した住宅、家財などを取り壊したり、除去するために支出した金額のことである。火事で焼けても火災保険金で差引損失額が生じなければ、雑損控除は使えない。

(6) 寄付金控除

寄付には、所得税の控除対象になる「特定寄付金」と控除されない「その他の寄付金」がある。具体的にはそれぞれ以下のようになる。

① 特定寄付金(所得税の寄付金控除対象になる)
   • 震災関連寄付金
   • それ以外の特定寄付金

1) 国、地方公共団体に対する寄付金。
2) 公益社団法人、公益財団法人、その他公益を目的とする事業を行う法人又は団体に対する寄付金。一般公募されるものや、教育又は科学の振興、文化の向上、社会福祉への貢献その他公益の増進するものとして財務大臣が指定したもの、私立学校や専修学校、社会福祉法人や震災関連の義捐金も含まれる。**図 1.24** は筆者の本務校での記念事業に対する「寄付金領収書」のイメージである。

寄付金領収書　　　　2014年1月30日

住所
氏名
金額　　　　　￥

上記金額を創立125周年記念事業募金として
ご寄付頂き、有り難く受領いたしました。

学校法人 **関西学院**　㊞

図 1.24　寄付金領収書のイメージ

② その他の寄付金(所得税の寄付金控除対象にならない)

特定寄付金控除の考え方は「震災関連寄付金」の場合、以下のようになる。
- 震災関連寄付金は、所得金額の 80% を所得控除の限度として考える。
- 震災関連寄付金以外の寄付金については、所得金額の 40% を所得控除の限度と考える。

ここで、寄付金控除の金額の計算方法は次のとおりである。これを Excel で計算した場合、**図 1.25** のようになる。東北大震災に対する寄付金ならば、所得控除の限度額を、それ以外の特定寄付金の 40% ではなくて 2 倍の 80% まで、認めようという姿勢である。

(a) 震災関連寄付金　　　　　　　　　8 万円
(b) 特定寄付金(震災以外)の額の合計額　20 万円
(c) 総所得金額等　　　　　　　　　　800 万円
(d) その年の総所得金額等の 80% 相当額　800 万円 × 0.8 = 640 万円
(e) (a)と(d)のいずれか小さいほう　　8 万円

1.7 所得税速算システムの枠組み（3）－所得控除その2（物的控除）

	A	B	C		
1	(a)	震災関連寄付金	80,000		
2	(b)	その他の特定寄付金	200,000		
3	(c)	所得金額	8,000,000		
4	(d)	所得金額×80%	6,400,000	←	=C3*0.8
5	(e)	(a)と(d)の小さいほう	80,000	←	=if(C4>=C1,C1,C4)
6	(f)	所得金額×40%	3,200,000	←	=C3*0.4
7	(g)	(b)と(f)の小さいほう	200,000	←	=if(C6>=C2,C2,C6)
8	(h)	(e)+(g)	280,000	←	=C5+C7
9		寄付金控除額	278,000	←	=C8-2000

図1.25　寄付金控除額のワークシート

(f)	(c)の40%相当額	800万円 × 0.4 = 320万円
(g)	(b)と(f)のいずれか小さいほう	20万円
(h)	(e)+(g)	20万円 + 8万円
(i)	寄付金控除額=(h) − 2,000円	27万8,000円

　一般的に述べると、所得金額の40%を超えるような多額の寄付をしない限り、寄付金控除は、「特定寄付額の合計 − 2,000円」で決まる。

　なお、特定寄付金のなかで、政治活動に関する寄付金、所轄庁（都道府県又は政令指定都市）から「一定の要件を満たす」として認定されたNPO法人等に対する寄付金および公益社団法人等に対する寄付金の「特別控除」の取扱いについては本項では触れず、税額控除の項で解説する。

■雑学9：米英と日本における寄付の違いの背景に税制あり

　米国や英国では早くから寄付文化が根付き、その税制も整備されてきた。米国の個人寄付金は約20兆円（GDP比2%）であり、英国は約1兆円（同0.8%）であるが、日本は約2,000億円（同0.1%）しかない。この差はいったいどこから来るのだろうか。一つは文化であろうが、もう一つは税制にある。

　欧米では、キリスト教の伝統からお金持ちに限らず一般の庶民も寄付する。加えて、米国にはスリフトショップ、英国にはチャリティショップという、市民からの寄付された衣料などをボランティアが販売する店も少なくない。寄付すると所得税減税の証明書までくれる。一般商店の営業活動を圧迫していると規制を求める声もあるが、政治家は「弱いものいじめ」という批判を恐れて動かない。また、寄付金控除の対象となる団体は国や自治体に限らず、教育機関、科学、宗教、芸術と幅広い分野に及ぶ。一方、日本では控除となる団体は限

定的である。これは、「むやみに寄付を税制上認めると、脱税の手段になりかねない」と危惧されているからである。

こうした現状があるが、日本政府はやっと思い腰を上げつつある。高齢化、貧困、災害や病気といった社会的問題の解決を目指し、ソーシャルビジネス（公益法人やNPO法人の活動）に資金的な支援を促すよう、寄付金を集めやすくする税制上の優遇措置「特定寄付金」を認めたのがその一例である。

■雑学10：都道府県議会の議員自らが行う政治献金と規制の抜け道

応援したい政治家が所属する政治団体に、有権者たちが政治献金をすることがある。こうした政党寄付金には税制面の優遇措置として、「寄付金の所得控除」がある。ただし、政治家個人に直接的な政治献金を行うことは法で禁止されている。

所得控除の対象は、国会議員、都道府県議会議員および20の指定都市（大阪、神戸、京都、名古屋、横浜、北九州、札幌、川崎、福岡、広島、仙台、千葉、さいたま、堺、新潟、静岡、浜松、岡山、相模原、熊本）の議会議員たちが所属する政治団体で、市区町村議員の政治団体は対象外である。

さて、政党に所属する議員たちは、自分自身の後援会と所属政党の支部の代表を兼ねている。所属政党の活動費を管理する団体が政党支部であるが、これは企業団体献金の窓口でもある。さらに、政治家自身も、政治団体の活動経費を賄うために議員本人が寄付をすることがある。この場合、自分が代表者を務める政党支部に政治家本人が寄付しても、税額控除の対象となり、還付金をもらえるのだ。加えて、地方議員の政治団体収支報告書は、5万円以下の支出について領収書添付・報告義務がない。500万円を議員が自らの政党支部に寄付して、「すべての支出は小口であり、すべてが5万円以下のもの」と主張すれば、たとえ、海外旅行や外車購入などでこの500万円使い切ったとしても、法的な問題はないことになる。しかも、この場合、支出額の30％となる150万円が還付される。これが都道府県議会の政治家の錬金術となっている。ただし、これができるのは、都道府県議会議員と20指定都市の市会議員だけであり、政治資金法のしばりがある国会議員はできない。国会議員は、たとえ1円の支出であっても領収書を公開しなければいけないからである。

(7) 小規模企業共済掛金

小規模企業共済とは、従業員数が20人以下（商業・サービス業では5人以下）の個人事業主が事業をやめたり、会社等の役員が退職した場合に備えて、将来の生活の安定や事業の再建を図るための資金を準備するための共済制度である。経営者の退職金

1.7 所得税速算システムの枠組み(3)－所得控除その2(物的控除)　57

制度といわれる場合もある。なお、従業員数が5人以下の弁護士法人、税理士法人等の士業法人の社員にも加入資格がある。

問 23 社会保障と社会保険の関係を簡単に述べよ。
(略解) 社会保障とは、私たちが安心して生活していくために必要な「医療」「年金」「福祉」「介護」「生活保護」などの公的サービスを指す。日本の社会保障制度の中核は、社会保険である。社会保険は、病気、負傷、身体障害、死亡、老齢、失業などの事故が発生した場合に対して保険給付を行い、国民の生活水準の保障を行う機能を果たす。

問 24 生命保険料控除額を示した図 1.20 から、次の場合の一般生命保険料控除額を求めよ。
① 生命保険料(新7万円＋旧25万円)。介護保険料8万円。個人年金保険料(新4万円＋旧7万円)。
② 生命保険料(新2万円＋旧3万円)。介護保険料8万円。個人年金保険料(新4万円＋旧2万円)。
(略解) ① 控除額は「生命保険料(旧)5万円＋介護保険料4万円＋個人年金保険料(旧)4万2,500円＝13万2,500円」となるが控除額の上限は12万円のため、12万円となる。
② 控除額は「生命保険料(旧)2万7,500円＋介護保険料4万円＋個人年金保険料(新)3万円＝9万7,500円」となる。

問 25 地震保険料控除額のワークシート(図 1.21)から、下記の場合の地震保険料控除額を求めよ。
① 地震保険料7万円＋旧損害保険料7万円。
② 地震保険料1万円＋旧損害保険料1万円。
(略解) ① 5万円。 ② 2万円。

問 26 寄付金控除額のワークシート(図 1.25)から、下記の場合の寄付金控除額を求めよ。
① 震災寄付金30万円、それ以外の特定寄付金2万円、所得金額1,300万円。
② 震災寄付金1,200万円、所得金額1,300万円。
(略解) ① 31万8,000円(＝30万円＋2万円－2,000円)。
② 寄付金が1,200万円であるが控除の上限は1,040万円(＝所得金額1,300万円×80%)であるので、控除額は1,040万円となる。

1.8　所得税速算システムの枠組み(4)－所得税

1.8.1　累進税率制の概要

　日本の所得税制は累進課税を採用している。表 1.13 のように累進課税では課税所得金額(A)が上がるにつれて税率(B)が 5%から 10%、20%、23%、33%、40%、そして 45%と切り上がる。控除額(C)は税率の変更による急激な課税額を調整する項目である。所得税は「課税総所得金額×税率－控除額」から求められる。

　課税総所得金額(1,000 円未満の端数金額を切り捨てた金額)に対する所得税額は、この速算表を使用する。なお、2013 年～ 2037 年までの各年分の確定申告においては、復興特別所得税(原則として、所得税額の 2.1%分)もあわせて申告・納付する。

　図 1.26 は表 1.13 の税額表を図示したもので、適用税率(傾き)の異なる 7 種類の線があるが、それぞれの傾きは実際の税額を示している。点線は各階層の適用税率が変化しない場合を示す。課税所得金額が上昇するに従い、実線が次第に切り上がり、適用税率がアップしていることが実感できる。

　例えば、課税所得金額 500 万円の場合、3 番目の階層の「330 万円超～ 695 万円以下」に入るから、500 万円× 20%－ 42 万 7,500 円＝ 57 万 2,500 円となる。ここで、表 1.13 の 3 列目に控除額(C)があるのは、図 1.26 の右上がりの曲線を連続にするための調整項である。例えば、課税総所得金額 330 万円の場合、「330 万円超～ 695 万

表 1.13　所得税の速算表(2016 年以降)

課税総所得金額(A)	税率(B)	控除額(C)
195 万円以下	5%	0 円
195 万円超～ 330 万円以下	10%	9 万 7,500 円
330 万円超～ 695 万円以下	20%	42 万 7,500 円
695 万円超～ 900 万円以下	23%	63 万 6,000 円
900 万円超～ 1,800 万円以下	33%	153 万 6,000 円
1,800 万円超	40%	279 万 6,000 円
4,000 万円超	45%	479 万 6,000 円

注 1)　住民税は一律 10%である。所得割り 市町村税 6%＋都道府県税 4%、および均等割り 市町村税 3,500 円＋都道府県税 2,300 円となる。
注 2)　課税所得金額は 1,000 円未満の端数切捨てで求める。
注 3)　復興特別所得税額は、上記から計算した所得税額に 2.1%を乗じた金額を課される。赤字の場合はそのままの金額となる。
注 4)　最終的に納める所得税は 100 円未満端数切捨てである。

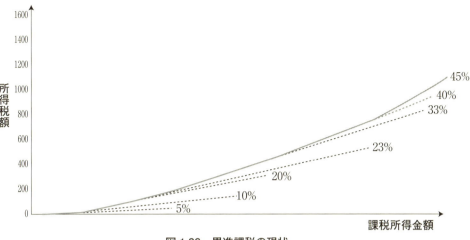

図 1.26　累進課税の現状

円以下」の欄を適用して給与所得金額は「330万円×20%−42万7,500円＝23万2,500円」となる。仮に「195万円超～330万円以下」欄を適用しても、給与所得金額は「330万円×10%−9万7,500円＝23万2,500円」となる。つまり、境界値はいずれを適用しても同額で、連続した数値となる。ここでの考え方は「給与所得金額の速算表」(付録Cの表C.1)と同じである。

問27　表1.13の速算表を使って、課税所得が695万円の場合と、これより1,000円高い695万1,000円の場合の所得税を計算せよ。

(略解)　所得税は、それぞれ次のようになる。

　　　　695万円×20%−42万7,500円＝96万2,500円
　　　　695万1,000円×23%−63万6,000円＝96万2,730円

　　所得税は1,000円未満切捨てと規定されているので、所得税はいずれも96万2,000円となる。

1.8.2　所得税の自動計算システム

給与所得金額に対する所得税をExcelで計算する。以下、vlookup関数を使用する(**図1.27**)。

　① 税率の確定：セル番地C3には次のように関数を入力する。

	B	C	D
2	課税所得	25,000,000	入力
3	税率の確定	0.40	=vlookup(C2,$B$12:$D$18,2)
4	課税所得×税率	12,000,000	=C2*C3
5	控除額確定	2,796,000	=vlookup(C2,$B$12:$D$18,3)
6	所得税	9,204,000	=C4−C5
7	復興特別所得税	193,284	=C6*0.021
8	所得税・復興特別所得税合計	9,397,200	=rounddown(C6+C7,−2)
9			
10	<所得税速算表>		
11	所得金額	税率	控除額
12	1,000	0.05	0
13	1,950,000	0.1	97,500
14	3,300,000	0.2	427,500
15	6,950,000	0.23	636,000
16	9,000,000	0.33	1,536,000
17	18,000,000	0.4	2,796,000
18	40,000,000	0.45	4,796,000
19			

図 1.27　所得税計算のワークシート

　　= vlookup(課税所得の数値があるセル番地, 照合範囲, 2)

　カッコ内の1番目では、課税所得の数値そのものを入力するのではなく、セル番地で指定する。この場合は「C2」とする。2番目の照合範囲は絶対番地で指定する。ここでは、「$B$12：$D$18」と入力する。いつも同じ照合範囲を使うため、セル番地を固定する必要がある。コピーを繰り返すときに相対的にずれては困るためである。カッコ内の3番目の引数は探したい税率であり、これは照合範囲の2列目にあるので2と入力する。下記の関数では注意のために太字にした。

　　C3番地　→　= vlookup(C2, $B$12:$D$18,**2**)

　かくして、課税所得2,500万円の場合、適用税率は0.4となる。

② 課税所得×税率の確定：課税所得に①で求めた税率を乗じて税額を求める。

= 課税所得金額 * ①
C4 番地 → = C2 * C3

③ 控除額確定：控除額は照合範囲の3番目にあるので、3と入力する。

= vlookup(課税所得の数値があるセル番地, 照合範囲, 3)
C5 番地 → vlookup(C2, $B$12:$D$18, 3)

④ 税額の最終確定：②で求めた金額から控除額③を減じる。

C6 番地 → = C4 − C5

⑤ 復興特別所得税：④で求めた金額に2.1%を乗ずる。
⑥ 所得税・復興特別所得税：④と⑤を合計するが、100円未満は切捨てである。

問28 年収が①234万円、②700万円および③1,400万円の独身会社員の所得税を計算せよ。人的控除は本人の基礎控除のみで、物的控除は社会保険料控除のみとする。ただし、計算の単純化のために復興特別所得税は考慮しない。また、**付録C**の**表C.1**および**表C.2**を参照してほしい。

(略解)

① 表C.1より年収234万円の給与所得金額は、$(234 \div 4) \times 2.8 - 18 = 145$万8,000円となる。本人の人的控除(基礎控除)を38万円、物的控除として社会保険料を年収の15%とすれば、234万円×15% = 35万1,000円となる。人的控除と物的控除がほかにないので、課税所得は、145万8,000円 − 38万円 − 35万1,000円 = 72万7,000円となる。これに適用税率(表C.2)の5%を適用すれば、次のようになる(所得税は100円未満切捨て)。

年収	給与所得	課税所得	所得税
234万円	145万8,000円	72万7,000円	3万6,300円

② 表C.1より収入金額700万円の給与所得金額は、$700 \times 0.9 - 120 = 510$万円となる。本人の人的控除(基礎控除)を38万円、物的控除として社会保険料を年収の15%とすれば、700万円×15% = 105万円となる。人的控除や物的控除がほかにないので、課税所得は、510万円 − 38万円 − 105万円 = 367万円となる。これに適用税額表(表C.2)を適用すれば、所得税は30万6,500円となる。

年収	給与所得	課税所得	所得税
700 万円	510 万円	367 万円	30 万 6,500 円

③ 表 C.1 より収入金額 1,400 万円の給与所得金額は、$1{,}400 \times 0.95 - 170 = 1{,}160$ 万円となる。本人の人的控除（基礎控除）を 38 万円、物的控除として社会保険料を年収の 15% とすれば、$1{,}400$ 万円 $\times 15\% = 210$ 万円となる。ほかの人的控除や物的控除がない場合、課税所得は、$1{,}160$ 万円 $- 38$ 万円 $- 210$ 万円 $= 912$ 万円となるので、適用税額表（**表 C.2**）を適用すれば、所得税は 912 万円 $\times 0.33 - 153$ 万 6,000 円 $= 147$ 万 3,600 円となる。

年収	給与所得	課税所得	所得税
1,400 万円	1,140 万円	912 万円	147 万 3,600 円

1.8.3 配偶者の所得税の計算

配偶者の給与収入が 103 万円以上になるまで配偶者は無税である。配偶者本人の基礎控除 38 万円を差し引くと、給与所得は 65 万円になるが、**付録 C の表 C.1** より、課税所得金額は 65 万円 $- 65$ 万円 $= 0$ となるので所得税もかからない。

例えば、妻のアルバイト収入が年間 60 万円ならば無税で、夫の被扶養者の扱いとなる。90 万円でもそうである。しかし、103 万円を超えると、夫の被扶養者から外れて、妻の家計は独立するため、妻本人は所得税を払うことになる。

問 29 前問の給与収入金額 700 万円の独身男性が結婚した。妻のアルバイト収入が、① 90 万円および ② 120 万円の場合について、夫婦の支払う所得税をそれぞれ計算せよ。子供はいないものとする。

(略解)
① 年収 90 万円の妻には所得税はかからない。納税者本人の課税所得は、扶養家族として妻が入るので、配偶者控除 38 万円が減算されて、課税所得は 329 万円となる。したがって、所得税は 23 万 1,500 円となる。

	年収	給与所得	課税所得	所得税
夫	700 万円	510 万円	329 万円	23 万 1,500 円
妻	90 万円	25 万円	0	0

1.8 所得税速算システムの枠組み(4)―所得税　63

② 妻の給与収入が 120 万円になると、表 1.5 より配偶者特別控除額は 21 万円となる。夫の課税所得には、扶養家族として妻が入るので、配偶者特別控除 21 万円を減算して、課税所得は 346 万円となる。したがって、所得税は 26 万 4,500 円となる。

また、妻の所得税は次のように求められる。給与収入 120 万円に対して、表 C.1 より給与所得は 55 万円となる。これから妻本人の基礎控除 38 万円を差し引いた課税所得は 17 万円となる。これより、所得税は 17 万円 × 5% = 8,500 円となる。

	年収	給与所得	課税所得	所得税
夫	700 万円	510 万円	346 万円	26 万 4,500 円
妻	120 万円	55 万円	17 万円	8,500 円

1.8.4 国民健康保険料の計算

給与収入金額 700 万円の男性の妻がアルバイト収入で 150 万円を得ていた場合、夫婦の支払う所得税はいくらになるだろうか。

妻の給与収入が 150 万円になると、夫の配偶者特別控除額は認められない。このとき、夫の課税所得は、367 万円である(問 28 参照)ので、所得税は 30 万 6,500 円となる。妻がこれだけ稼ぐと税務的には夫は独身時と同じ状態となる。妻の収入が 130 万円を超えると、妻は夫の社会保険の被扶養者から外れる。こうなると夫の健康保険証には妻の名前はなくなるので医療機関で使えなくなるうえに、厚生年金の被保険者からも外れる。妻は自ら、市町村の国民健康保険と国民年金保険に加入しなければいけない。妻は彼女自身で社会保険に加入する必要が出てくる。妻の勤務形態から社会保険(厚生年金と健康保険)の要件に合えば、妻の勤務先の社会保険に入る場合もある。

国民健康保険(医療保険、後期高齢者支援保険、介護保険)は市町村が運営主体である。地方自治体の住民税の基礎控除は 33 万円(所得税の基礎控除は 38 万円)と設定されている。この 33 万円を給与所得 85 万円から差し引くと、52 万円となる。

兵庫県西宮市の場合、2014 年度の国民健康保険料は、所得割、均等割、平等割の 3 種類からなっていて、所得割は基準所得金額の 11.3%、均等割は 4 万 8,480 円、平等割は 2 万 7,360 円である。したがって、国民健康保険料全体は、所得割の 52 万円 × 11.3% = 5 万 8,760 円に、均等割 4 万 8,480 円と平等割 2 万 7,360 円を加えて、13 万 4,600 円となる。これに、国民年金保険料が年 18 万 3,000 円(月額 1 万 5,250 円)加わるため、妻の社会保険料は 31 万 7,600 円(= 13 万 4,600 円 + 18 万 3,000 円)となる。

所得税を計算すると、課税所得は、「85 万円 − 38 万円 − 31 万 7,600 円」から 1,000

円未満を切り捨て15万2,000円となり、所得税は15万2,000円×5%＝7,600円となる。

	年収	給与所得	課税所得	所得税
夫	700万円	510万円	367万円	30万6,500円
妻	150万円	85万円	15万2,000円	7,600円

なお、生計を一とする親族の社会保険料(国民健康保険＋国民年金)については、世帯主の社会保険料控除とすることができる。妻の分を夫が支払った場合の夫婦の所得税は以下のようになり、世帯としては有利である。

	年収	給与所得	課税所得	所得税
夫	700万円	510万円	335万2,000円	24万2,900円
妻	150万円	85万円	47万円	2万3,500円

1.8.5　妻が超えるべき三重の壁

「給与所得者の妻および公務員の妻」と「自営業の妻」では、それぞれの社会保険料に雲泥の差がある。前者は130万円未満のパート収入であれば、被扶養者として、一切社会保険料を支払う必要がない。夫の健康保険証が使えるし、厚生年金も受給できる。後者は自ら国民健康保険にも国民年金にも加入し保険料を支払う必要がある。給与所得者の妻が得をしているように見えるが、これは毎月天引きされる夫の社会保険料には妻の社会保険料も含まれているからである。

家計を助ける妻の眼前には3つの壁が立ちはだかっている(**図1.28**)。

図1.28　妻の三重の壁

妻の給与収入が「103万円」を超えると所得税を支払わねばならない。これが第一の壁である。第二に家族手当の支給条件の壁である。この金額は勤務先によって異

なる。筆者の勤務先は「123万円」を超えると家族手当を支給しない。家族手当は妻1万7,500円、それ以外の被扶養者は一人につき各6,000円である。最後の壁は、「妻の収入が130万円超の場合、世帯主の社会保険の被扶養者でなくなる」というものである。この場合、妻は国民健康保険(市町村)と国民年金(国)に自ら加入する必要がある。あるいは勤務先の社会保険に加入する。

「130万円の壁」は、2016年10月から年収「106万円」に下がる(月額賃金8万8,000円に相当)が、当面は「被保険者501人以上の大企業に1年以上勤め、週20時間以上働く女性」が対象となっている。この壁を超えてしまうと、妻は健康保険の扶養や国民年金の第3号被保険者から外れ、自分が勤める会社の社会保険(厚生年金と健康保険)に加入しなければならず、保険料負担が発生してしまう。

1.8.6 大学生のアルバイト収入(1)

19歳の子供のバイト代が、例えば90万円ならば、子供の父親の被扶養者となるが、103万円を超えると、父親の被扶養者でなくなり、父親は所得税を余計に支払う羽目に陥る。一人扶養者が減るので課税所得額が増えてしまうからである。こうなると、「お前、勝手なことするな!」と父親が激怒するかもしれない。大学生や専修学校生の子供がいれば、扶養控除額は63万円だから、その分、父親の課税所得が減って、父親の所得税も減額される。もし、これがなくなると父親の税率が20%の場合、所得税が一挙に12万6,000円増えることになる。この差は大きい。

ただし、母親のアルバイト収入とは違い、息子の収入については、在学証明書を税務署に持参すれば、「勤労学生控除27万円」が適用され、息子は103万円に27万円を加えた130万円まで無税扱いとなる。しかし、母親はあくまで103万円が壁である。

問30 父親の給与収入金額が700万円であるとき、その一人息子の学生が得るアルバイト収入が、①90万円、②120万円、および③150万円となる場合について、父親と息子本人の支払う所得税をそれぞれ計算せよ。母親は専業主婦とする。

(略解) 問29の略解と同じである。このときの父親の給与所得金額は510万円となる。
① 息子のアルバイト収入が90万円の場合には、専業主婦の母親に加えて扶養家族として息子が入るので、人的控除額は以下のように計算される。

人的控除額 = 基礎控除38万円 + 配偶者控除38万円 + 息子の扶養控除63万円
= 139万円

これが給与所得金額から減算されると課税所得は266万円となる。したがって、父親の所得税は表C.2より266万円×10%－9万7,500円＝16万8,500円となる。

	年収	給与所得	課税所得	所得税
夫	700万円	510万円	266万円	16万8,500円
息子	90万円	25万円	0	0

② 息子のアルバイト収入が120万円になると、扶養控除の条件である「103万円以下」を満たさず、父親の扶養家族から外れる。そのため人的控除額は以下のようになる。

　　人的控除額＝基礎控除38万円＋配偶者控除38万円＝76万円

　父親の課税所得は329万円となるため、所得税は23万1,500円となる。

　次に、息子本人の所得税は次のようになる。給与収入は120万円であるが、学生であれば、130万円までは無税である。

	年収	給与所得	課税所得	所得税
夫	700万円	510万円	329万円	23万1,500円
息子	120万円	55万円	0	0

③ 息子のアルバイト収入が150万円の場合は、会社員の父親が所属する健康保険組合の被扶養者から外れる。息子は彼自身で国民健康保険に加入する必要が出てくる。その場合、国民健康保険料は、すでに家族が国保に加入している場合は、平等割は支払う必要はないので10万7,240円となる（1.8.4項）。国民年金は満20歳からの加入なのでこのケースでは考慮しない。しかし、息子が20歳以上の場合、国民年金に加入しなければいけないので注意する。このとき、息子の社会保険料は10万7,240円となる。

　所得税の計算を行うと、課税所得は、「47万円－10万7,240円」から1,000円未満を切り捨て、36万2,000円となり、所得税は36万2,000円×5%＝1万8,100円となる。

	年収	給与所得	所得控除	課税所得	所得税
息子	150万円	85万円	38万円＋10万7,240円	36万2,000円	1万8,100円

　なお、息子の国民健康保険料を父親の社会保険料控除に加えたほうが世帯としては節税できる。

1.8.7　大学生のアルバイト収入(2)

　学生アルバイトの社会保険料と所得税の適用範囲を、以下、詳しく解説する。

(1) 社会保険料の適用範囲

学生に限らず、アルバイト一般では、社会保険料を支払う義務があるのかどうかは、微妙な点がある。学生は、まず、社会保険のなかの雇用保険と介護保険については保険料を課されない。失業しても学生は本分たる学業に戻るだけであるので、雇用保険料は課されない。介護保険料は40歳以上に課されるから学生は関係ない。次に、健康保険・厚生年金保険では、2カ月以上働くという雇用条件のもとで、「常用的な雇用」であるならば、保険料を課される。常用的な雇用とは、次の2条件で満たすかどうかで判定される。

① 1日当たりの労働時間が正社員の3/4以上である。
② 1カ月の労働日数が3/4以上である。

両方とも満たしていれば、学生であっても、社会保険に加入し、これら2つの保険料を支払う義務が出る。また、たとえ両条件を満たしていても、2カ月以内の雇用期間の場合、社会保険の適用除外となる。

(2) 所得税の適用範囲

事業主は、学生に限らずアルバイトやパートに対して「源泉徴収表日額表」(70頁の**表1.16**)および「源泉徴収表月額表」(70頁の**表1.17**)を適用して、所得税を税務署に代わって代理徴収しなければならない。

これらの表で、甲欄は「給与所得者の扶養控除等申告書」を提出した人に、乙欄は提出しなかった人に適用される。乙欄の税金が甲欄よりも5倍程度大きいのは、ほかの勤務先に提出したとみなされて、そこの所得も勘案しているからである。そのため、仕事の掛け持ちのない人は自分で申告書を提出するべきである。また、日額表のみにある丙欄は日雇いのアルバイトに適用する。甲欄、乙欄の適用の可否は**表1.14**のようにまとめる。

① 日雇いや2カ月以内の短期アルバイトの場合は、雇い主は「日給額表」を適

表1.14 「日額表」と「月額表」の適用部分

給与所得の源泉徴収税額表	給与所得の扶養控除等申告書を提出したか		
	Yes	No	提出する必要なし
日額表	甲欄	乙欄	丙欄
月額表	甲欄	乙欄	

用する。例えば、日給7,000円(7,000円以上～7,100円未満)の場合、甲欄175円、乙欄810円、丙欄0円となる。1万円では甲欄280円、乙欄1,770円、丙欄27円となる。ちなみに、日雇いに社会保険は適用されない。
② 2カ月を超える契約期間では「月額表」を適用する。8万7,000円未満(年間に直すと、103万円に相当する)は無税である。8万8,000円は3,200円、8万9,000円も3,200円、9万9,000円は3,600円などとなる。なお、2カ月以上働きかつ8万8,000円以上の給与があっても無税なのは、会社が給料の計算基礎として日額表丙欄を適用しているからである。

アルバイト学生に対してはほとんどの事業主は手間のかかる年末調整はしないので、自分で確定申告するしかない。

問31 アルバイト学生の給与に対する社会保険料と所得税の速算システムを作成せよ。
(略解) 69頁の図1.29のとおりである。まずは、常用的雇用かどうかを確認した後、しかるべき社会保険料を求める。社会保険料は給与の13%とする(会社員が支払う雇用保険分と介護保険分を除く)。その後、扶養控除等申告書の提出の有無によって、甲欄か乙欄に振り分けて、しかるべき所得税を計算する。

■雑学11：学生285人に聞いた「給与所得者の扶養控除等申告書」
2015年1月に筆者の講義で学生にアルバイトの所得税と社会保険料を説明したうえで、アルバイトの有無を尋ねたところ、285人中、アルバイトをしている学生は250人、残り35人はアルバイトをしていなかった。アルバイトをしていない者の多くは体育会の選手だった。アルバイト先が学生に書くように渡す「給与所得者の扶養控除等申告書」について記憶があるかどうか、また、確定申告をすると税金が還付されることがあることを知っているかについても聞いた。そのアンケート結果は表1.15である。カイ2乗検定を行うと、有意水準5%で2つの項目間の独立性は棄却された。給与所得者の扶養控除等申告書を書くように

表1.15 学生に聞いた所得税還付のアンケート

		給与所得者の扶養控除等申告書の記憶		
		ある	ない	小計
確定申告で還付できる	知っている	85	49	134
	知らなかった	52	64	116
	小計	137	113	250

1.8 所得税速算システムの枠組み(4)－所得税

	A	B	C	D	E	F	G	H
1						社会保険料を除いた月額	甲欄	乙欄
2						0	0	0
3	常用的雇用ですか	1	yes は1、no は0			88000	130	3200
4	月額	120,000				89000	180	3200
5	社会保険料	15,600	← =if(B3=1,B4*0.13,0)			90000	230	3200
6	社会保険料を除いた月額	104,400	← =B4-B5			91000	290	3200
7	扶養控除等申告書提出	1	yes は1、no は0			92000	340	3300
8	所得税	930	←計算式入力			93000	390	3300
9	手取り	103,470	← =B4-B5-B8			94000	440	3300
10						95000	490	3400
11	<セル情報>					96000	540	3400
12	B8: =if(B7=1,vlookup(B6,$F$2:$H$65,2),vlookup(B6,$F$2:$H$65,3))					97000	590	3500
13						98000	640	3500
14						99000	720	3600
15						101000	830	3600
16						103000	930	3700
17						105000	1030	3800
18						107000	1130	3800
19						109000	1240	3900
20						111000	1340	4000
21						113000	1440	4100
22						115000	1540	4100
						途中省略		
						181000	4120	14600
						183000	4200	15300
						185000	4270	16000
						187000	4340	16700
						189000	4410	17500
						191000	4480	18100
						193000	4550	18800
62						195000	4630	19500
63						197000	4700	20200
64						199000	4770	20900
65						201000	4840	21500

図1.29　アルバイト学生の所得税速算ワークシート

表 1.16 源泉徴収税額（日額表）

給与所得の源泉徴収税額表（平成27年分）日額表			
日額	甲欄	乙欄	丙欄
2900	0	0	0
2950	0	5	0
3000	0	5	0
3050	0	10	0
3100	0	10	0
3150	0	15	0
3200	0	15	0
3250	0	20	0
3300	0	20	0
3350	0	25	0
3400	0	30	0
3450	0	35	0
3500	0	40	0
3550	0	45	0
3600	0	50	0
3700	0	55	0
3800	0	60	0
3900	0	65	0
4000	0	70	0
4100	0	75	0
4200	0	80	0
4300	0	85	0
4400	0	85	0
4500	0	90	0
4600	0	90	0
4700	0	95	0
4800	0	100	0
4900	0	100	0
5000	0	105	0

日額	甲欄	乙欄	丙欄
8000	210	1120	0
8100	210	1150	0
8200	215	1190	0
8300	220	1230	0
8400	220	1260	0
8500	225	1300	0
8600	230	1330	0
8700	235	1360	0
8800	235	1400	0
8900	240	1430	0
9000	245	1460	0
9100	245	1490	0
9200	250	1530	0
9300	255	1560	0
9400	255	1590	3
9500	260	1630	6
9600	265	1660	10
9700	270	1690	13
9800	270	1730	17
9900	275	1750	20
10000	280	1770	24
10100	280	1800	27
10200	290	1820	31
10300	305	1840	34
10400	315	1860	38
10500	320	1880	41
10600	330	1900	45
10700	340	1930	49
10800	345	1960	56

表 1.17 源泉徴収税額（月額表）

給与所得の源泉徴収税額表（平成27年分）月額表			
月額	甲表	乙表	
88000	0	3200	
89000	130	3200	
90000	180	3200	
91000	230	3200	
92000	290	3200	
93000	340	3300	
94000	390	3300	
95000	440	3300	
96000	490	3400	
97000	540	3400	
98000	590	3500	
99000	640	3500	
101000	720	3600	
103000	830	3600	
105000	930	3700	
107000	1030	3800	
109000	1130	3800	
111000	1240	3900	
113000	1340	4000	
115000	1440	4100	
117000	1540	4100	
119000	1640	4200	
121000	1750	4300	
123000	1850	4500	
125000	1950	4800	
127000	2050	5100	
129000	2150	5400	
131000	2260	5700	
	2360	6000	

月額	甲表	乙表
189000	4410	17500
191000	4480	18100
193000	4550	18800
195000	4630	19500
197000	4700	20200
199000	4770	20900
201000	4840	21500
203000	4910	22200
205000	4980	22700
207000	5050	23300
209000	5130	23900
211000	5200	24400
213000	5270	25000
215000	5340	25500
217000	5410	26100
219000	5480	26800
221000	5560	27400
224000	5680	28400
227000	5780	29300
230000	5890	30300
233000	5990	31300
236000	6110	32400
239000	6210	33400
242000	6320	34400
245000	6420	35400
248000	6530	36400
251000	6640	37500
254000	6750	38500
257000	6850	39400

1.8 所得税速算システムの枠組み(4)－所得税

月額			月額		
133000	2460	6300	260000	6960	40400
135000	2550	6600	263000	7070	41500
137000	2610	6800	266000	7180	42500
139000	2680	7100	269000	7280	43500
141000	2740	7500	272000	7390	44500
143000	2800	7800	275000	7490	45500
145000	2860	8100	278000	7610	46600
147000	2920	8400	281000	7710	47600
149000	2980	8700	284000	7820	48600
151000	3050	9000	287000	7920	49500
153000	3120	9300	290000	8040	50500
155000	3200	9600	293000	8140	51600
157000	3270	9900	296000	8250	52300
159000	3340	10200	299000	8420	52900
161000	3410	10500	302000	8670	53500
163000	3480	10800	305000	8910	54200
165000	3550	11100	308000	9160	54800
167000	3620	11400	311000	9400	55400
169000	3700	11700	314000	9650	56100
171000	3770	12000	317000	9890	56800
173000	3840	12400	320000	10140	57700
175000	3910	12700	323000	10380	58500
177000	3980	13200	326000	10630	59300
179000	4050	13900	329000	10870	60200
181000	4120	14600	332000	11120	61100
183000	4200	15300	335000	11360	62000
185000	4270	16000	338000	11610	62900
187000	4340	16700	341000	11850	63800

注) 月額は、社会保険料控除後の月額である。また、この表は、月額表全体の最初の部分である。

日額				日額			
5300	110	340	0	10900	355	1990	60
5400	110	360	0	11000	360	2020	63
5500	115	370	0	11100	370	2040	67
5600	120	390	0	11200	380	2070	70
5700	125	400	0	11300	385	2100	74
5800	125	420	0	11400	400	2140	77
5900	130	440	0	11500	405	2170	81
6000	135	470	0	11600	415	2210	84
6100	135	510	0	11700	425	2240	88
6200	140	540	0	11800	430	2270	91
6300	150	580	0	11900	440	2300	95
6400	150	610	0	12000	445	2330	99
6500	155	650	0	12100	455	2360	103
6600	160	680	0	12200	465	2390	106
6700	165	710	0	12300	470	2420	110
6800	165	750	0	12400	480	2450	113
6900	170	780	0	12500	485	2470	117
7000	175	810	0	12600	495	2500	120
7100	175	840	0	12700	505	2530	124
7200	180	860	0	12800	510	2560	127
7300	185	890	0	12900	520	2580	131
7400	185	920	0	13000	525	2620	134
7500	190	960	0	13100	535	2680	138
7600	195	990	0	13200	545	2730	141
7700	200	1020	0	13300	550	2780	146
7800	200	1060	0	13400	560	2840	149
7900	205	1090	0	13500	565	2890	153
8000	210	1120	0	13600	575	2940	156

注) 日額は、社会保険料控除後の日額である。また、この表は、日額表全体の最初の部分である。

いわれた記憶がある学生は、確定申告をすれば、天引きされた所得税が還付されることをよく知っているといえる。

1.8.8　年金の構造

簡単に日本の年金の構造を紹介する。年金は3階建ての仕組みになっているので、以下、それぞれについて解説する(図1.30)。

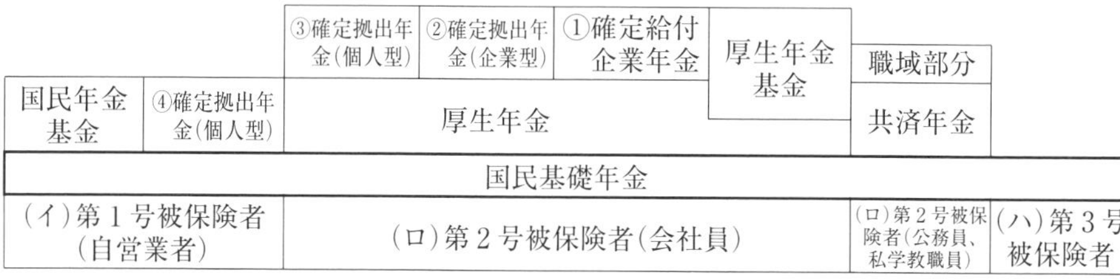

		③確定拠出年金(個人型)	②確定拠出年金(企業型)	①確定給付企業年金	厚生年金基金	職域部分	
国民年金基金	④確定拠出年金(個人型)	厚生年金				共済年金	
国民基礎年金							
(イ)第1号被保険者(自営業者)		(ロ)第2号被保険者(会社員)				(ロ)第2号被保険者(公務員、私学教職員)	(ハ)第3号被保険者

図1.30　年金構造

(1)　1階部分(公的年金保険、強制加入)

国民基礎年金が該当する。満額で毎月6万5,008円が支給されるが、国民基礎年金の満額を受け取れるのは、20歳から60歳まで保険料を40年間毎月支払ったうえに、支払い完了から5年後の65歳になってからである。保険料の払い込み月数に比例した金額を受け取れる。30年間支払った人は40年間支払った人の75%の年金しか受け取れない。年金を受け取れる人には以下の3種類ある。

　(イ)　第1号被保険者：自営業者、農家。
　(ロ)　第2号被保険者：会社員、公務員、教職員。
　(ハ)　第3号被保険者：第2号被保険者の年収130万円未満の妻。

第1号被保険者は毎月1万5,250円の保険料(平成26年度時点)を60歳まで支払う。第2号被保険者は給与所得者(厚生年金)あるいは公務員や教職員(共済年金)である。厚生年金の保険料は現在約17%である。労使折半主義なので、これを本人と会社で折半する。このとき本人は年収の約8.5%を保険料として支払う。第3号被保険者は第2号被保険者の妻であるが、年収が130万円未満の妻に限る。彼女らは保険料を一切支払わなくてよい。妻の分は会社員の夫が支払っている勘定になっているからである。その一方、自営業者の妻は自ら支払わないと年金をもらえない。

(2) 2階部分（公的年金保険、強制加入）

会社員の厚生年金や公務員などの共済年金が該当する。「報酬比例部分」といわれていて、加入者の収入が高いと保険料が高くなり年金額が多くなる。第2号被保険者は第1号被保険者よりも受け取る年金が多い。その代わり、第2号被保険者の支払う保険料は高い。国民基礎年金保険料の負担分を含んでいるからである。

(3) 3階部分（私的年金保険、任意加入）

企業の独自年金が該当する。ただし、企業年金に加入している会社もあれば、加入していない会社もある。もし、企業年金があれば、「①確定給付企業年金」か、あるいは「②確定拠出年金（企業型）」がもらえる。前者は企業が責任をもって資金運用を行い、たとえ運用に失敗したとしても損失を補填して必ず確定額の年金を企業が支払う。後者は会社が確定額を拠出し、資金運用は会社員本人が選択した投資信託で行う。退職後の年金額は投資信託の運用次第であるため損失が出たとしても、会社は補填を一切行わない。

会社に企業年金制度がなければ会社員が個人で掛金を積み立てる「③確定拠出年金（個人型）」がある。自営業者や農家にも同様の「④確定拠出年金（個人型）」がある。

(4) 厚生年金基金

厚生年金基金は、法改正により2014年4月1日以後には新規設立は認められなくなった。本来3階部分のみの運用であれば国の年金制度とは無関係であるが、基金が公的年金である厚生年金の一部を代行運用しているため、国の関与が必要とされた。しかし、財政が悪化したため年金の廃止が続出し、2015年現在、500弱あった基金の3/4が将来の解散を決めている。

(5) 国民年金基金

国民年金基金は1991年に創設された制度である。自営業者と会社員の年金の格差をなくすために、厚生年金基金に匹敵するものとして創設された。(3)の③、④、および本制度では、毎年の掛金が全額所得控除されるので、節税効果は大きい。

厚生労働省の標準モデルでは、夫が会社員だった夫婦の受け取る年金は厚生年金を含めて計22万1,507円である。ただし、退職後の夫には厚生年金が支給されるが、妻には支給されない。

- 会社員の夫：国民基礎年金＋厚生年金
- その妻　　：国民基礎年金

それでも妻が第2号被保険者にとどまるメリットは少なくない。130万円を超えると妻は厚生年金に加入しなければいけないからだ。第3号被保険者から夫と同じ第2号被保険者になって、保険料を自己負担し、国民年金分とわずかな厚生年金分を貰うならば、現状の生活に甘えていたほうがましと考える女性は多い。

■雑学12：離婚した夫婦の年金分割

もし夫婦が離婚した場合、①財産分与、②慰謝料、③養育費（子供がいる場合）、そして④年金の事項が、夫婦の経済的な問題となる。①財産分与は折半が基本、②慰謝料はさまざまで「性格の不一致」では慰謝料はない、そして④年金は分割される。

戦後に制定された厚生年金法案では、そもそも熟年離婚は想定外の事項であった。ところが、今のように年間60万を超える婚姻組数の約1/3にあたる20万組超の夫婦が離婚する事態になると、離婚時の厚生年金分割が問題となってきた。そこで、政府は2004年に年金制度改革法案を提出し、2007年4月から夫（妻）の厚生年金受給権が離婚時に分割可能となった。法律では夫との結婚期間が計算対象となり、夫の独身期間は入らない。専業主婦の場合は、2008年4月から結婚している期間は、夫の厚生年金の半分が自動的に分割される。それ以前の期間の分割については夫が同意しない場合、調停や裁判が必要になる。しかし、妻から見て厚生年金は分割できても、夫の国民基礎年金や企業年金までは分割できない。また、自営業の妻ではそもそも分割する厚生年金自体がない。

厚生労働省は、夫のモデル賃金を40万円、勤続・結婚期間を40年とした場合、夫の厚生年金は12万円程度と想定している。したがって、これを分割しても、妻の受け取れる年金は妻自身の国民基礎年金6万5,008円と夫の厚生年金の半分の6万円を加えた、約12万5,000円となるので、離婚は経済的には損である。夫の相続財産の権利を失うし、夫が死んでからの遺族年金（厚生年金の3/4相当）ももらえない。しかし、良い出会いを求めての再婚件数は婚姻数の1/4を占める時代である。再婚すると新しい夫の財産の相続権が発生するので、夫の子供との良き理解が必要となる。

1.8.9　臨時所得と変動所得（平均課税）

(1)　定義

所得の分類には「臨時所得」（臨時的に発生する所得）や「変動所得」（変動性の強い所得）といった区分の仕方もある。しかし、10種類に区分されている所得のなかに

は、「変動所得」や「臨時所得」はない。これらは、事業所得、不動産所得、そして雑所得に含まれる属性である。それぞれ以下のものが該当する。

- 臨時所得：事業所得、不動産所得あるいは雑所得
- 変動所得：事業所得あるいは雑所得

変動所得あるいは臨時所得は、名前のイメージから非経常所得グループに入ると思われる読者がいるかもしれないが、これらは経常所得グループの一員である。なぜなら、これらの所得は日夜をたがわず、勤労の努力をした結果であり、宝くじのように決して濡れ手で粟を得た結果ではないからである。例えばミュージシャンの収入等は、大ブレイクしたときとそうでないときとでは大きな差が出る。累進課税では所得額が多いほど税率も高い。一度に課税するとその年だけ所得税が非常に高くなるので、契約期間でならして収入を平均化して所得税を算出する。変動所得や臨時所得は、本人とは関係のない外部要因に左右されるため、このような方法をとる。

① 変動所得：毎年の変動が激しい事業所得あるいは雑所得に分類される。その定義としては、国税庁の所得税基本通達90-2に、次の4点が挙げられている。

1) 漁獲又はのりの採取から生ずる所得。
2) はまち、まだい、ひらめ、かき、うなぎ、ほたて貝又は真珠(真珠貝を含む)の養殖から生ずる所得。
3) 原稿又は作曲の報酬に係る所得。
4) 著作権の使用料に係る所得。

まず、1)と2)について解説する。農林水産統計上、「水産業」は大きく「漁業」と「水産加工業」の二つに分けられ、さらに、前者の漁業は、獲る漁業としての「漁業」と育てる漁業としての「養殖業」に細分される。大きく天候や気象に影響される漁業は、大漁が続いたかと思うと不漁続きとなることもある。毎年、漁業と養殖業の所得は変動する。

次に3)と4)について説明する。毎年の収入が大きく変動する職業や業種についている人は、毎年の収入が安定的に推移する人と比べると、一般的に所得税の負担が大きくなる。苦節10年、一発当たって課税所得がいままでの年間0円から一躍1億円になった小説家がいた場合、彼は累進課税の厳しい現実に直面する。なにしろ、所得税の適用税率は最高の45%になるから、所得税は4,020万4,000円となる。それまで、1円も所得税を払ってなかった貧乏小説家は右往左往してしまうだろう。このようなケースを考え、激変する税負担を緩和するため

に設けられた制度が「平均課税」という制度である。ここで、税負担を平準化するために、例えば、5分5乗方式を適用すると、先の小説家の場合、課税金額は1億円を5分して2,000万円となるので、所得税は**表 C.2** より「2,000万円 × 0.4 − 279万6,000円」から520万4,000円となる。そして、これを5倍し、2,602万円と考えるのである。

② 臨時所得：不動産所得、事業所得、雑所得のなかで下記の条件を満たす所得である。その定義としては、国税庁の所得税基本通達2-37に次の4点が挙げられている。

1) スポーツ選手、例えばプロ野球選手の入団契約金が臨時所得に該当する。具体的には契約金が初年度年俸の2倍以上で3年以上の契約の場合が該当し、例えば、阪神の藤浪晋太郎投手の2012年11月の入団契約では、出来高込契約金が1億5,000万円、年俸が1,500万円であったが、このとき1億5,000万円は臨時所得が適用されたであろう。

2) 3年以上の期間にわたる不動産の貸付けの対価の総額として一括して支払いを受ける賃貸料で、その全額が年間使用料の2年分以上の契約となる場合。

3) 不動産、不動産の上に存する権利、船舶、航空機、採石権、鉱業権、漁業権又は工業所有権その他の技術に関する権利若しくは特別の技術による生産方式若しくはこれらに準ずるものに係る損害賠償金で、その金額の計算の基礎とされた期間が3年以上であるもの。半年間の営業休止で得た賠償金は臨時所得にはならず、平均課税の対象でもない。事実関係によって、無税になるか、事業所得あるいは一時所得の分類が決まる。

4) 金銭債権の債務者から受ける債務不履行にもとづく損害賠償金で、その金額の計算の基礎とされた期間が3年以上であるもの。

(2) 平均課税の計算手順

平均課税の計算手順を簡略的に解説する。契約金1億5,000万円のプロ野球入団の投手を例にして、まず、「平均課税対象金額」を以下のように計算する。

　　　　B＝その年の臨時所得金額
　　　　A＝その年の変動所得金額−
　　　　　　（前年の変動所得金額＋前々年の変動所得金額）× 50%

$$\text{平均課税対象金額} = A + B$$

高卒選手の場合は、変動所得(A)はそもそもないから、平均課税対象金額は1億5,000万円となる。

次に「調整所得金額」を計算する(1,000円未満切捨て)と、以下のようになる。

① 課税総所得金額＞平均課税対象金額の場合:「その年の課税総所得金額－平均課税対象金額×80%」となる。

② 課税総所得金額≦平均課税対象金額の場合:「その年の課税総所得金額×20%」となる。

この場合、契約金以外何も所得はないから、課税総所得金額と平均課税対象金額は等しくなるので、②を適用する。そのため、調整所得金額は3,000万円となる。

次に「特別所得金額」は以下のように定義される。

$$\text{特別所得金額} = \text{その年の課税総所得金額} - \text{調整所得金額}$$

この式にあてはめると、このときの特別所得金額は以下のようになる。

$$\text{特別所得金額} = 1\text{億}5,000\text{万円} - 3,000\text{万円} = 1\text{億}2,000\text{万円}$$

そして、最後に次の順番で税額を算出する。

❶ 調整所得金額に対する税額＝調整所得金額×税率(所得税の速算表)
❷ 平均税率(小数点第3位以下を切捨て)＝❶÷調整所得金額
❸ 特別所得金額に対する税額＝特別所得金額×平均税率
❹ 収めるべき所得税＝❶＋❸

まず、❶に関して、調整所得金額3,000万円に対する所得税は、表C.2より、以下のようになる。

調整所得金額に対する税額＝920万4,000円

平均税率＝920万4,000円/3,000万円＝30.68%

特別所得金額に対する税額＝1億2,000万円×30.68%＝3,681万6,000円

納めるべき所得税＝920万4,000円＋3,681万6,000円＝4,602万円

(3) フランス家計における n 分 n 乗方式

日本では、臨時所得や変動所得の所得税計算方式として、5分5乗方式が利用されている。一般に、税負担を個人間で比較した場合、「税負担は各人の担税力に応じて負担すべき」という考え方(現行の制度)がある一方で、「世帯間で比較した場合には、合計所得が同じ夫婦は同じ税負担をすべき」という考え方もある。実際、米国やドイ

ツでは、均等分割法により夫婦を課税単位として、所得を合算したうえで、2分2乗（均等分割）方式と個人単位方式の選択制となっている。あるいは、フランスのように、家族全体を課税単位として、世帯員全体の所得を合算し、n分n乗（不均等分割）して課税する場合もある。

問32 まったく売れなかった作曲家が突然大ブレイクして、3,000万円の変動所得を得た。必要経費はないとして、彼の所得税を5分5乗方式で計算せよ。

（略解） 3,000万円÷5 = 600万円。これに対する所得税は**表C.2**より、77万2,500円となる。これを5倍すれば、納めるべき所得税は「77万2,500円×5 = 386万2,500円」となる。

問33 家族n人で課税所得1,000万円の家庭がある。所得税のワークシートを書け。ただし、計算は「n分n乗」方式で求めよ。人的控除と物的控除は無視する。ただし、$n = 1, \cdots, 8$の場合を求めよ。

	A	B	C	D
1	課税所得金額	10,000,000		
2	家族数(n)	一人当たりの課税所得金額	一人当たりの所得税	家族全体の所得税
3	1	10,000,000	1,764,000	1,764,000
4	2	5,000,000	572,500	1,145,000
5	3	3,333,333	239,167	717,500
6	4	2,500,000	152,500	610,000
7	5	2,000,000	102,500	512,500
8	6	1,666,667	83,333	500,000
9	7	1,428,571	71,429	500,000
10	8	1,250,000	62,500	500,000
11				
12				
13		個人所得税の税率		
14	所得金額	税率	控除額	
15	1,000	0.05	0	
16	1,950,000	0.10	97,500	
17	3,300,000	0.20	427,500	
18	6,950,000	0.23	636,000	
19	9,000,000	0.33	1,536,000	
20	18,000,000	0.40	2,796,000	
21	40,000,000	0.45	4,796,000	
22				

図1.31 n分n乗方式の所得税計算

(略解) 図 1.31 のとおりである。

1.9 所得税速算システムの枠組み(5)－税額控除

1.9.1 税額控除

　本項で説明する税額控除とは、所得控除のことではなく、算出した所得税額からの控除のことである。例えば、同じ 40 万円に対して、所得控除と税額控除をそれぞれ行った場合、納税額は大きく異なる。税額控除では 40 万円がまるまる税額から控除されるが、所得控除では課税所得から 40 万円が控除されるだけである。

　納税者が購入したマイホームにかかわる住宅借入金等特別控除が税額控除の一例である。これを仮に所得控除にしてしまうと、納税者の課税所得によって税率が異なるから減税額も変わってくる。そのため、「税額控除の扱いにして、一律 40 万円の減税を行い、負担が公平になるように」という政策的配慮がされている。

　主な税額控除としては、住宅借入金等特別控除のほかに政党等寄付金特別控除がある。これらは、持ち家政策の推進および政党への献金の増大という政策的な意図が背景にある。このほかには、二重課税を避けるための配当控除課税や外国税額控除がある。主な税額控除について、以下、解説する。

(1) **住宅借入金等特別控除**
　① 床面積 $50m^2$ 以上かつ借入期間 10 年以上の住宅に適用される。2014 年 4 月以降は**表 1.18** のとおりである。
　② 金融機関からの住宅ローン借入年末残高の 1%の税額が 10 年間控除される。
　③ 合計所得金額 4,000 万円未満に適用する。
　④ 住宅ローン借入金額年末残額の 1%(最高 40 万円)が 10 年間税額控除される。
なお、居住年とは、住民票を移した年月のことであり、実際に住み始めた年月とは関係ない。

表 1.18 　住宅借入金等利子特別控除

居住年	年末残額	年最高控除額	控除額合計
2013 年〜2014 年 3 月	2,000 万円	20 万円	200 万円
2014 年 4 月以降	4,000 万円	40 万円	400 万円

(2) 政党等寄付金特別控除

政治献金のなかで、政党や政治資金団体に対する献金がある場合には、すでに述べた所得控除のなかの特定寄付金控除の適用を受けるか、もしくは「政党等寄付金特別控除額(政党寄付金 − 2,000 円) × 30%(100 円未満切捨て)」で算出した金額(所得金額の 25%が限度)について税額控除を受けるか、いずれか有利なほうを選択できる。

(3) 認定 NPO 法人等寄付金特別控除

認定 NPO 法人に対する特定寄付金がある場合、すでに述べた所得控除のなかの寄付金控除の適用を受けるか、あるいは「認定 NPO 法人等寄付金特別控除額(政党寄付金 − 2,000 円) × 40%(100 円未満切捨て)」で算出した金額(所得金額の 25%が限度)について税額控除を受けるか、有利なほうを選択できる。

(4) 公益社団法人等寄付金特別控除

公益社団法人等に対する特定寄付金がある場合、すでに述べた所得控除のなかの寄付金控除の適用を受けるか、あるいは「公益社団法人等寄付金特別控除額(政党寄付金 − 2,000 円) × 40%(100 円未満切捨て)」で算出した金額(所得金額の 25%が限度)について税額控除を受けるか、有利なほうを選択できる。

なお、今まで解説してきた所得税速算システムについて総括した Excel の表を 82 頁に表 1.20 として掲示したので参考にしてほしい。

1.10　分離課税制度

1.10.1　分離課税の適用範囲

表 1.19 は、10 種類の所得別の課税の分類を示している。あらかじめ、国税庁が分離課税すると決めた所得は総合課税にできない一方、総合課税と決めた所得は分離課税にできない。

しかし、例外が一つだけある。それが配当所得、納税者がどちらにするかを選択できる。表 1.19 の△印にはこうした意味合いがある。分離課税を選択すると、配当所得に対する所得税率は 15%になる。このほかに住民税が 5%課せられる。

納税者が配当所得を総合課税にするか分離課税にするかを選択しなければならない

1.10 分離課税制度

表 1.19 総合課税か分離課税か

所得の種類	総合課税	分離課税
利子所得	×	○ 所得税 15% ＋ 住民税 5%
配当所得	△	△ 所得税 15% ＋ 住民税 5%
不動産所得	○	×
事業所得	○	×
給与所得	○	×
退職所得	×	○ 所得税は、(退職金－控除額)×(1/2) に所得税速算表を適用する。住民税は、(退職金－控除額)×(1/2)×10% とする。
山林所得	×	○ 所得税は、(山林所得－控除額)×(1/5) に所得税速算表を適用して 5 倍する。住民税は、(山林所得－控除額)×10% とする。
譲渡所得(土地建物・株式)	×	○ 短期 (所得税 15% ＋ 住民税 5%) ○ 長期 (所得税 30% ＋ 住民税 9%)
譲渡所得(上記以外)	○	×
一時所得	○	×
雑所得(先物取引、FX 取引など)	×	○ 所得税 15% ＋ 住民税 5%
雑所得(上記以外)	○	×

注1) 利子所得は源泉分離課税され、20.315% の税率が課される。財形住宅貯蓄および財形年金貯蓄の元金は 550 万円まで無税である。障害者の少額預貯金の利子所得を非課税とするマル優および特別マル優(国債)の各元金 350 万円までにかかる利子所得は非課税である。

注2) △印は、総合課税か分離課税のいずれかを選択できる。なお、確定申告不要制度を選択すると、源泉徴収で課税手続きを終えることができる。

理由は次のとおりである。累進課税制度では、課税収入金額が高いほど、適用税率は高くなっていく。適用税率 10% を適用される個人であれば、例えば、分離課税の税率が仮に 20% となる場合は、税金が安く済む総合課税を選択するだろう。しかし、課税収入金額が高くて、総合課税の税率が 40% を適用される個人ならば、分離課税を適用するだろう。このように、いずれを選択するかは納税者の選択に任せている。

表 1.19 に示したように、利子所得、退職所得、山林所得、譲渡所得(土地建物・株式)、そして雑所得(先物取引)は分離課税される。次に、不動産所得、事業所得、給与所得、譲渡所得(土地建物・株式以外)、一時所得、そして、雑所得(先物取引以外)は、総合課税される。

譲渡所得の扱いは二分されており、土地建物・株式を売却して得た所得については分離課税され、ほかの譲渡所得については総合課税される。同様に、雑所得のうち、

表 1.20 所得税速算システム総括表

	A	B	C	D	E	F	G	H	
1					<扶養者の現況>				
2	収入金額等	事業	0		配偶者の有無	有			
3		不動産	0		配偶者の年齢	44			
4		利子	0		配偶者の収入	1,220,000			
5		配当	11,111,111	←入力	扶養親族はいますか	有			
6		給与	0		16歳から18歳	1 人		380,000	←=380000*F7
7		雑所得	0		19歳から22歳	1 人		630,000	←=630000*F8
8		総合譲渡	0		23歳から69歳	0 人		0	←=380000*F9
9		一時	0		70歳以上(同居老親)	1 人		580,000	←=580000*F10
10	所得金額	事業	0		70歳以上(同居老親以外)	0 人		0	←=480000*F11
11		不動産	0		一般障害者の有無	1 人		270,000	←=270000*F12
12		利子	0		特別障害者の有無(同居特別障害者を除く)	0 人		0	←=400000*F13
13		配当	8,855,000		同居特別障害者の有無	0 人		0	←=750000*F14
14		給与	0		勤労学生はいますか	有			
15		雑所得	0		19歳から22歳	1 人		0	←=if(F17>=1030000,-630000,0)
16		総合譲渡	0	計算式入力					
17		一時							
18	(1) 合計所得金額		8,855,000	←=sum(C9:C16)	収入	900,000		0	←=if(F18>=1030000,-630000,0)
19	(2) 人的控除		2,450,000	←=sum(C19:C21)					
20		基礎控除	380,000	←確定値	19歳から22歳以外	2 人		0	←=if(F20>=1030000,-380000,0)
21		配偶者(特別)控除	210,000	←=C46	収入	620,000		0	←=if(F21>=1030000,-380000,0)
22		扶養控除計	1,860,000	←=H24	寡婦	0			
23					寡夫			1,860,000	←=sum(H7:H23)
24	(3) 物的控除		1,766,667	←=sum(C24:C28)	扶養控除計				
25		医療費	0	←入力	=if(C5*0.15>900000,900000,C5*0.15)				
26		社会保険料	1,666,667		社会保険料は年収の15%とする				
27		小規模企業共済等掛金控除	0	←入力					
28		生命保険料	100,000	←入力		個人所得税の税率			
29		地震保険料	50,000	←入力	所得金額	税率	控除額		
30	所得控除額 (4)=(2)+(3)		4,216,667	←=C18+C23	1,000	0.05	0		
31	課税所得金額 (5)=(1)-(4)		4,638,333	←計算式入力	1,950,000	0.10	97,500		
32	所得税 (6)		500,100	←計算式入力	3,300,000	0.20	427,500		
33	配当控除				6,950,000	0.23	636,000		
34					9,000,000	0.33	1,536,000		

1.10 分離課税制度   83

35	住宅取得特別控除		200,000	←入力	
36	政党等寄付金特別控除		20,000	←入力	
37	差引所得税額 (7)		280,100	=C33－C34－C35－C36	
38	復興特別所得税額		5,882	=C37＊0.021	
39	所得税・復興特別所得税		285,982	=C37+C38	
40	源泉徴収税額 (8)		200,000	←入力	
41	申告納税額 (9)＝(7)－(8)		85,900	←=if(C39－C40)>0,rounddown(C41－C42，－2),C41－C42)	
42					
43		配偶者			18,000,000	2,796,000
44					40,000,000	4,796,000
45	給与収入金額	1,220,000	=F5		0.40
46	配偶者(特別)控除金額	210,000	←計算式入力		0.45
47	配偶者特別控除額一覧表				
48	所得金額	控除額			給与所得控除後の
					給与等の金額表
					収入金額	給与所得
49	1,030,000	380,000			1619000	969000
50	1,050,000	360,000			1620000	970000
51	1,100,000	310,000			1622000	972000
52	1,150,000	260,000			1624000	974000
53	1,200,000	210,000			1628000	976800
54	1,250,000	160,000			1632000	979200
55	1,300,000	110,000			1636000	981600
56	1,350,000	60,000			1640000	984000
57	1,400,000	30,000			1644000	986400
58	1,450,000	0			1648000	988800
59					1652000	991200
					1656000	993600
					1660000	996000
					1664000	998400
	(途中省略)				(途中省略)
1291					6588000	4730400
1292					6592000	4733600
					6596000	4736800

セル情報
C13: =rounddown(if(C5<651000,0,if(C5<1619000,C5－650000,if(C5<6600000,vlookup(C5,$F$46:$G$1292,2),if(C5<10000000,C5＊0.9－1200000,
if(C5<15000000,C5＊0.95－1700000,C5－2450000))))),－3)
C31: =rounddown(C17－C3，－3)
C33: =vlookup(C31,$E$30:$G$36,2) ＊C31－vlookup(C31,$E$30:$G$36,3)
D46: =if(F3=" 無",0,if(C45<=1030000,if(F4>=70,480000,380000),vlookup(C45,$B$49:$C$58,2)))
C25: =if(C5＊0.15+490000>9000000,9000000,C5＊0.15+490000)
妻や子供の社会保険料を加える場合は、その合計額を49万円とすれば、
=if(C5＊0.15+490000>9000000,9000000,C5＊0.15+490000)
となる。

先物取引やFX取引の利益やアフィリエイトの収入やインターネットオークションの売金については分離課税されるが、ほかの雑所得については経常的な性格が強いという理由からか総合課税される。

1.10.2　2種類の分離課税制度

日本の分離課税制度には、①源泉分離課税と、②申告分離課税の2種類がある。それぞれ以下のようなものである。

① 源泉分離課税：銀行や企業で納税し、事務処理される。

所得の源泉である組織で分離課税の手続きを行う。例えば、利子所得は利子の源泉たる銀行が、利子支払いの際に一定の税率で所得税を源泉徴収する。税務署から見て、銀行数は預金者数よりも格段に少なく徴税面の効率性から銀行に一括事務処理を任せられる。預金者は何もしなくてもよく、それだけで利子所得に関する納税が完結する。

② 申告分離課税：納税者自らが納税についての事務処理を行う。

①とは正反対で納税者自らが自主的に行うものである。確定申告の段階で、ほかの所得とは合算せずに、分離して申告してしかるべき所得税を支払うものである。退職所得、山林所得、譲渡所得（土地建物・株式）、雑所得（先物取引）が該当する。なぜこれらの所得も利子と同じく源泉分離にしないかと考えると、税務署の事務処理の煩雑化にある。1件ごとに所得を調査することは難しく、税務署員の人件費などの徴税コストのほうが徴税額よりも大きければ経費的に無駄であるため、納税者に自己申告させていると考えられる。

■所得の種類の覚え方その2：分離課税する所得

並べ替えて、山林所得、譲渡所得（土地建物・株式）、雑所得（先物取引）、退職所得として、「山上（譲）を先に退く」と覚えるとよい。

1.10.3　分離課税対象の所得の課税方式

(1) 利子所得

利子所得が30万円あれば、所得税率15%および復興税がその2.1%、計15.315%かかる。源泉徴収される所得税額は、30万円 × 15.315% = 45,945円（1円未満切捨て）[9]となる。これとは別に住民税5%がかかる。

(2) 配当所得

　会社は利益が出るとその一部を株主に配当として分配する。このとき、誰を対象にして利益に課税するかは昔も今も悩ましい問題であって、種々の議論がある。明治期の議論では当初「其の支払はるる源泉たる会社に対して課した」ことが一般的だったが、その後「之を受けたる個人（すなわち株主、筆者注）に対して他の所得と総合合算して課税する」よう法制度が変更された[10]。しかし、これだと会社に配当課税してもその分だけ配当が減って結局は株主が間接的に負担することになる。とはいえ、急に全額を株主負担とすると大株主にとっては巨額の課税が身に降りかかってくる。そこで、1920年の改正所得税では、過渡期の対応として、会社側と株主側で分割負担することになった。

　このように紆余曲折していった問題ではあるが、それから百年近く経った現在、株主は、配当金の納税方法を次の3種類のなかから選択できるようになった。

① 源泉分離課税

　　配当金を受け取ったときにかかる20.315%（＝所得税15.315%＋住民税5%）の源泉徴収のみにする方法（申告不要制度）であり、納税者は確定申告をする必要がない。

② 申告分離課税

　　納税者が確定申告をする必要がある。源泉徴収される前の配当金（配当所得）を、ほかの所得と合算せずに納付すべき税金を計算する。①に似ているが、まったく違う。例えば、株式購入を借入金で捻出した場合には、利子を損金として控除できる。また、上場株式等の売却時に損失が出た場合には、配当金との損益通算が可能となる。損失額が大きくて配当金との損益通算をしても控除しきれない損失がある場合は、その後3年間にわたり繰越控除ができる。

③ 総合課税

　　配当所得をほかの所得と合算して累進税率にもとづき税金を計算する方法である。この場合は、「配当控除」制度を適用する。なぜ配当控除をするかといえば、すでに配当を受け取る段階で①で源泉分離課税されているため、さらに総合課税して、二重課税になることを避けるためである。

---

9) 国税通則法第119条第2項
10) 牛米努：「明治20年所得税導入の歴史的考察」、『税大論叢』56号、税務大学校、2007年

(3) 退職所得

　退職所得に対する所得税は優遇されている。まず、退職控除額は勤務年数に応じて規定されている。最初の 20 年は年 40 万円であり、21 年目以降は「800 万円 +（勤務年数 − 20）× 70 万円」である。この金額に 1/2 を乗じ、所得税の速算表（**表 C.2**）を適用する。さらに、復興特別税を加算して、住民税も計算する。

　例えば、勤務年数 25 年、退職金 2,500 万円の場合、退職控除額は「800 万円 +（25 − 20）× 70 = 1,150 万円」となり、課税所得は「2,500 万円 − 1,150 万円 = 1,350 万円」となる。これに 1/2 を乗じて、675 万円となるので、**表 C.2** より、所得税は「675 万円 × 0.2 − 42 万 7,500 円 = 92 万 2,500 円」となる。ここで復興税が加わるので税率 2.1% を乗じて 1 万 9,372 円となるが、所得税額は 100 円未満切捨てだから、94 万 1,800 円となる。なお、退職所得に限り、退職時に勤務先が特別徴収して納税する。住民税率は一律 10% なので、住民課税額は「675 万円 × 10% = 67 万 5,000 円」となる。

問 34　退職所得に対する一発早見表を作成せよ。
（略解）　図 1.32 を参照せよ。

(4) 山林所得

　山林所得とは、「山林を伐採して譲渡することあるいは、立木のままで譲渡することによって」得た所得である。元々は山林伐採の際の所得であったが、立木のまま売却して多額の利益を得ても課税を免れることになったので、上述のように「山林所得」として総括された。山林所得に対する課税方式は「5 分 5 乗」方式である。山林収入から必要経費および 50 万円を減じて、これを 5 分の 1 にし、それに対して所得税の速算表を適用し、求めた所得税を 5 倍したものが納めるべき所得税となる。その計算式は以下のとおりである。

$$[(山林収入 − 必要経費 − 50 万円) \times (1/5) \times 速算税率表適用] \times 5$$

　例えば、山林収入 2 億円、必要経費 8,000 万円の場合、山林収入から必要経費と 50 万円を引くと、1 億 1,950 万円となる。これに 1/5 を乗じると、課税所得は 2,390 万円となる。

　表 C.2 より、2,390 万円 × 0.4 − 279 万 6,000 円 = 676 万 4,000 円となる。これに復興税率 2.1% を乗じて求めた 14 万 2,044 円を加えて、所得税は 690 万 6,044 円となるので、これを 5 倍して、3,453 万 220 円となる。ただし、住民税の計算は 2006 年から

	B	C	D	E
2	課税所得	30,000,000	手入力	
3	税率の確定	0.40	=vlookup(C2,$B$12:$D$18,2)	
4	所得税(1)	12,000,000	=vlookup(C2,$B$12:$D$18,2)＊C2	
5	控除額確定	2,796,000	=vlookup(C2,$B$12:$D$18,3)	
6	所得税	9,204,000	=C4−C5	
7	復興特別所得税	193,284	=C6＊0.021	
8	所得税・復興特別所得税合計	9,397,284	=C6+C7	
9				
10	＜所得税の速算表＞			
11	所得金額	税率	控除額	
12	1,000	0.05	0	
13	1,950,000	0.1	97,500	
14	3,300,000	0.2	427,500	
15	6,950,000	0.23	636,000	
16	9,000,000	0.33	1,536,000	
17	18,000,000	0.4	2,796,000	
18	40,000,000	0.45	4,796,000	
19				
20				
21				
22	退職所得	25,000,000	手入力	
23	勤務年数	25	手入力	
24	控除額	11,500,000	=if(C23<=20,C23＊400000,8000000+(C23−20)＊700000)	
25	課税所得	6,750,000	=(C22−C24)＊(1/2)	
26	所得税	922,500	=vlookup(C25,$B$12:$D$18,2)＊C25−vlookup(C25,$B$12:$D$18,3)	
27	復興特別所得税	19,373	=C26＊0.021	
28	所得税・復興特別所得税合計	941,873	=C26+C27	
29	住民税	675,000	=C25＊0.1	
30	手取り	23,383,200	=C22−rounddown(C28,−2)−C29	
31	退職所得はほかの所得と異なり、退職した年に課税される。			
32				
33	山林収入	200,000,000	手入力	
34	必要経費	80,000,000	手入力	
35	山林収入−必要経費−50万円	119,500,000	=C33−C34−500000	
36	課税所得	23,900,000	=C35＊(1/5)	
37	所得税	33,820,000	=(vlookup(C36,$B$12:$D$18,2)＊C36−vlookup(C36,$B$12:$D$18,3))＊5	
38	復興特別所得税	710,220	=C37＊0.021	
39	所得税・復興特別所得税合計	34,530,220	=C37+C38	
40	手取り	165,469,800	=C33−rounddown(C39,−2)	

図1.32 退職所得および山林所得の所得税の計算

「5分5乗」方式は適用除外となったため、山林収入2億円に対して課税される。住民税は一律10%なので、1億1,950万円×10%＝1,195万円となる。

問35　山林所得に対する所得税一発早見表を作成せよ。
（略解）　図1.32を参照せよ。

■**雑学13：税額に2.1%を加算する理由は復興特別税にある**
　2013年1月1日から2037年12月31日までの25年間、東日本大震災の復興特別所得税として、所得税額に2.1%が追加的に課税されている。住民税は従来どおり10%と変わらない。

第2章 住宅ローンシステムの設計と運用

2.1 住宅ローンの概要

2.1.1 日本の住宅の資産価値

　おおよそ世の中の資産というものは、アンティークとしての価値が高いものは除いて、使えば使うほど価値が下がってくる。日本の住宅資産もそうである。例えば、東京の表参道や南青山の表通りから一歩入った住宅地には、坪800万円で売りに出される狭小地もあるが、これは稀有な例外である。とくに築10数年を経過すると、ほとんどの物件が土地価格しか評価されないという現実に直面する。実際、広告で宣伝されるときには築年数の経過した中古住宅は「上物付」とよばれている。日本では、建物としての住宅は真の意味で資産ではなく、それどころかその多くは無価値である。例えば、不動産広告の戸建ての中古物件を見ると、これは一目瞭然である。周辺の土地値で物件が売りに出されていることにすぐに気付くであろう。

　土地価格の具体例を考えてみよう。筆者の本務校近くの兵庫県西宮市上甲東園3丁目にある築17年の一戸建て($285.45m^2$)は、2015年1月の時点で9,480万円(坪単価は109万6,000円)、これに対して同じ3丁目の土地($141.11m^2$)は4,480万円(坪単価は105万円)である。いずれも南向きで坪単価はほぼ同額である。また、日本最初のニュータウン開発として名を馳せた千里ニュータウンの閑静な高野台3丁目にある築34年の一戸建て($176.48m^2$)は4,590万円(坪単価は85万8,000円)、これに対して同じ3丁目の土地($297.97m^2$)は6,309万円(坪単価は69万8,700円)となる。いずれも南向きで坪単価はたいして変わらない。

　住宅の資産価値の減価はマクロ統計で確かめることができる。2011年の住宅投資の累計額は862兆円であるのに対して、住宅資産額は344兆円となっており、518兆

円の大きな減価を記録している。これに対して、米国の住宅投資累計額は、2010年で13.7兆ドル、対する住宅資産額は14兆ドルであり、資産額が投資累計額を上回っている。米国では住宅資産は減価どころか増価していることになる[1]。これは、米国の人口が増加していることに加えて、中古住宅の資産評価基準が確立しているためであろう。

　本章では日本国民にとって住宅資産を獲得する強力な手段であった住宅ローンについて解説する。日本の住宅ローンは建物としての住宅を担保とする貸付を行わず、借り手個人の信用力（年収、職業、年齢、保有資産など）に基礎に置く仕組みといえよう。ちなみに、大都市近郊の新興開発地のなかには、成人化した子供が出ていき、住民が高齢化した状況に陥っている場合が少なからず存在し、そのため買い手のつかない空き家が多々ある。

　日本の住宅ローンは、今後、借り手の信用力ではなく、「住宅自体の資産価値」、つまり「購入後において適宜売却、賃貸が可能となる住宅」を担保として、利用者の負担力に合わせてゆとりのあるものにしていく必要があろう。逆に借主の立場からいえば、無理のない範囲で余裕をもった返済計画を立てる必要がある。

　こういった視点で考えると、購入する際の狙い目は新築よりもむしろ中古物件になろう。資産評価基準が未整備の今こそ、そうした物件を購入し、全体のリノベーションあるいは一部のリフォームを行って、購入者好みのスタイルに変身させようというのがクレバーな住宅購入の選択肢の大きな一つになるだろう。

　もしも、中古物件をリノベーションして新築に近い物件に全面改良すれば、相当数の物件が資産価値のあるものとしてマーケットに出すことができよう。そのためには、ほとんど省みられることのなかった中古住宅の評価を見直したり、流通システムを整備することが重要である。

　住宅の資産価値の保全には、また、町全体の住環境を維持管理することの重要性が挙げられる。落ち着いた街並みを守るには、街づくりのルールを住民の納得のうえで自主的に守ることが不可欠であり、緑のある街並みを形成することも必要となるだろう。例えば、住宅と道路を区切る塀を生垣にする余裕が欲しい。要は、個別の物件の維持管理だけでは住宅の資産価値保全を行うことは不十分なのだ。町全体の住環境を

---

1) 坂根工博：「中古住宅流通の現状と課題」、『住宅金融』、2014年度夏号、p.19、住宅金融支援機構

守り、安全で住みやすい街の維持管理が必要になってくる。このように長く価値が保全される住宅には、オーナーの個々の住宅に対するきめの細かいメンテナンスを行う努力のほかに、街全体の住環境への保全意識が必要不可欠となる。

2.1.2　日本の住宅ローンの現況

全国5,001万世帯のなかで住宅ローンを借りている世帯は約1,104万世帯で全体の22%である。とくに、勤労世帯についてみると、全体の31%が住宅ローンを抱えていることになる(表2.1)。

表2.1　住宅ローンの現状

世帯の種類	世帯数(a)	住宅ローン支払い世帯数(b)	構成比率 (bの各項目／bの合計)	世帯種類別借入比率(b/a)
勤労世帯	26,928,944	8,351,156	75.7%	31.0%
勤労以外の世帯	7,552,447	1,905,747	17.3%	25.2%
無職	15,533,503	781,944	7.1%	5.0%
合計	50,014,894	11,038,847	100.0%	22.1%

出典）　佐藤慶一：「家計から見た日本の住宅ローン市場の状況」、『住宅金融』、2012年冬号、p.34、住宅金融支援機構

さらに、表2.2では住宅ローンの滞納者数に関して佐藤の推計値を示している。ここでの「返済遅延あり」とは、3カ月以上の住宅ローン遅延者数のことである。推計値であるので、表2.1の数値とは若干のずれがある。遅延世帯総数は約10万世帯で住宅ローン返済世帯全体の1%弱である。遅延比率は勤労世帯では約0.5%、勤労以外の世帯では2%弱、そして無職(高齢者)では2.5%弱となっている。絶対数では、勤労世帯と勤労以外の世帯はいずれもほぼ4万世帯であることに注意したい。何十年という長期ローンは、リスクがあるので、慎重に返済計画を立てるべきである。

表2.2　住宅ローンの返済状況(推計値)

世帯の種類	世帯数	住宅ローン支払い世帯数	返済遅延なし	返済遅延あり	遅延比率
勤労世帯	26,928,944	8,236,069	8,195,585	40,484	0.49%
勤労以外の世帯	7,552,447	2,034,206	19,944,562	39,644	1.95%
無職	15,533,503	768,570	750,004	18,566	2.42%
合計	50,014,894	11,038,845	28,890,151	98,694	0.89%

出典）　佐藤慶一：「家計から見た日本の住宅ローン市場の状況」、『住宅金融』、2012年冬号、p.37、住宅金融支援機構

2.1.3 住宅ローンの金利：固定金利と変動金利

住宅ローンを組むためには、「①固定金利で借りるのか」「②変動金利で借りるのか」を決めなければいけない。下記それぞれのメリット・デメリットを考え、慎重に選択すべきである。

① 固定金利のメリット・デメリット

借入期間中は金融情勢いかんにかかわらず当初の固定金利が適用される。そのため安定した返済計画を実行できるが、変動金利よりもやや高くなる。

② 変動金利のメリット・デメリット

一般に短期プライムレート(メガバンクが一流企業に短期間貸し付ける際の金利)に連動しているので、固定金利よりも安い。また、低金利時代や今後も金利低下が予測される時期には、固定金利よりも返済額が安くなるため有利である。逆に、金利が上昇していく時期に入ると、返済額は増加していき、不利である。変動金利は、半年ごとに見直され、金利が改訂されるが、その機会は5年に1回である。返済額が改訂されても新しい返済額は改定前の25%アップまでに抑えられる。このように変動金利という名称ではあるものの、返済額自体が常に変動しているわけではないことに注意してほしい。

2.1.4 住宅ローンの設計

住宅ローンを組むためには、将来的な家計収支計画を考えて、無理のない資金借り入れを行わねばいけない。『2013年家計調査年報』(総務省)によれば、勤労者世帯において住宅ローンを抱える世帯の平均実収入は58万1,591円、直接税や社会保険料などの非消費支出は11万2,729円で、可処分所得は46万8,862円となっている。他方、住宅ローン返済額などの土地家屋借金返済は9万2,929円であり、可処分所得の2割弱を占めている(表2.3)。さらに、この世代の子供の教育費も家計には大きな負担となる。住宅ローンと教育費の両方の負担がのしかかることから、家計の貯蓄残高や子どもの進学状況に大きく左右されることも考えられる。50歳代(表2.3の第5列)では、教育費と土地家屋借金返済の小計が実収入に占める比率は30%を超えており、大きな負担となっている。

以上のことから、長期的な視野に立てば、住宅ローンの借り入れを行う際、短期的な金融情勢の影響を受ける変動金利型の住宅ローンの選択には慎重であってよい。

表 2.3　家計における収入・支出の状況

(単位：円)

	平均	20歳代	30歳代	40歳代	50歳代	60歳代	70歳代
実収入	581,591	418,067	509,889	607,008	644,415	468,376	269,885
直接税・社会保険料等	112,729	65,381	89,956	119,449	131,747	86,904	30,830
可処分所得	468,862	352,686	419,933	487,560	512,669	381,472	209,055
消費支出	313,164	227,634	265,073	317,624	362,705	265,250	177,929
教育関係費	34,767	9,186	19,447	40,627	48,400	3,301	1,517
黒字	155,698	125,052	154,860	169,936	149,964	116,222	31,126
金融資産純増	64,483	50,384	75,521	78,934	47,604	27,653	-13,615
土地家屋借金返済	92,929	72,417	78,127	91,176	107,573	94,114	77,332
その他	-1,714	2,251	1,212	-175	-5,214	-5,545	-32,585
可処分所得における教育関係費の割合	7.42%	2.60%	4.63%	8.33%	9.44%	0.87%	0.73%
可処分所得における土地家屋借金返済の割合	19.82%	20.53%	18.60%	18.70%	20.98%	24.67%	36.99%
可処分所得における教育関係費および土地家屋借金返済の割合	27.24%	23.14%	23.24%	27.03%	30.42%	25.54%	37.72%

出典）　総務省統計局『平成25年(2013年)　家計調査年報(家計収支編)』、pp.166〜167(http://www.stat.go.jp/data/kaikei/2013np/index.htm)

2.2　利子の仕組み

2.2.1　利子

　お金はお金を産む。これを利子(interest)という。時間を抜きにして利子を語ることはできない。お金が利子を生むには時間が必要だからである。100万円を瞬時に110万円にする魔法はない。現在の100万円を101万円にするには、年利1%の世界で1年間金融機関に預け続けなければならない。この世界では、今の100万円と1年後の101万円は同じ価値をもつ。

2.2.2　単利と複利

　単利とは、各利付期間に対して元金(principal)にのみ利息がついたとき、これを利付期間中に元金に繰り入れず満期時に元金に加える計算法である。元金100万円を単利の年利5%で5年間預けると、発生する利子は年5万円となるので、5年間で計25万円の利息がつく。各年で発生する利子は元金に加わらないと考えるので、満期時の元利合計(元金＋利息)は、以下のとおりである。

$$100万円 \times (1 + 0.05 \times 5) = 125万円$$

次に、複利とは、利付期間ごとに求めた期末の元利合計を次期の元金として加えることを繰り返して満期時の元利を求める計算法である。複利では上記の例を以下のように計算する。

$$100 \text{万円} \times (1 + 0.05)^5 = 127 \text{万} 6{,}281 \text{円}$$

以上のようにみてみると、複利のほうが 2 万 6,181 円、預金者にとって有利であることがわかる。

一般に、複利計算の簡便な方法では、元金 K 円、利付期間 n 年、年利 i とすると、式(2.1)のようになる。

$$n \text{年後の元利合計} = K(1 + i)^n \tag{2.1}$$

2.2.3 現在価値と将来価値

利子と時間の関係を、現在価値と将来価値で考えてみよう。ここでは、現在の 100 万円と 5 年後に得られる 100 万円の価値の違いを比較する方法を理解してもらいたい。

(1) 将来価値

元金を K、年利を i とすると、n 年後の元利合計 F は以下のような複利計算で示される。

$$F = K(1 + i)^n \tag{2.2}$$

例えば、今の 100 万円を年利 4% の複利で 5 年間預金すると、$F = 100 \text{万円} \times 1.04^5 = 121 \text{万} 6{,}652 \text{円}$ となる(図 2.1)。

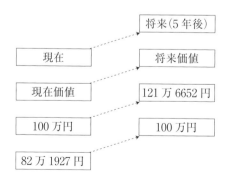

図 2.1　年利 4% の世界の現在価値と 5 年後の将来価値

(2) 現在価値

将来価値 F から利子分を減じたものを現在価値といい、将来価値を現在価値に割り戻すことを「現在価値に割り引く」という。このとき、利率 i を「割引率（discount rate）」という。

n 年後の元利合計 F の現在価値は式(2.2)より逆算して求める。

$$K = F/(1 + i)^n \tag{2.3}$$

例えば、年利4%で、5年後の将来価値が121万6,652円であれば、現在価値は、以下のようになる。

$$K = 121 \text{万} 6{,}652 \text{円} / 1.04^5 = 100 \text{万円}$$

ちなみに、5年後の100万円を現在価値に割り戻すと、式(2.3)より、82万1,927円となる（図2.1）。

問1 年利2.4%のもとで、元金100万円を7年間複利で預けるといくらになるか。
(略解) $100 \times (1 + 0.024)^7 = 118$万591円（1円未満切捨て）。Excelでは、通常「= 1.024^7 * 1000000」とするが、この場合1円未満を切り捨てたいから、「= rounddown (1.024^7 * 1000000, 0)」と入力し、計算する。

問2 年利4.8%および年利7.2%の複利のもとで、元金100万を7年間複利で預けるとそれぞれいくらになるか。
(略解) 年利4.8%の場合：$100 \times (1 + 0.048)^7 = 138$万8,445円（1円未満切捨て）。
年利7.2%の場合：$100 \times (1 + 0.072)^7 = 162$万6,909円（1円未満切捨て）。

問3 7年後の100万円の現在価値を年利2.4%のもとで求めよ。
(略解) $x \times (1.024)^7 = 100$万円より、$x = 100$万円$/(1.024)^7 = 84$万7,032円となる。

2.3 住宅ローンの仕組み

2.3.1 割賦償還法の考え方

まず最初に、一般的な割賦償還法(かっぷ)を説明する。元金 K を n 期間借りたときの借入月利を ir で示したとき、割賦償還法とは、毎期に、一定の割賦金 R を返済して、借用期間満了時に借金を完済する仕組みである（図2.2）。

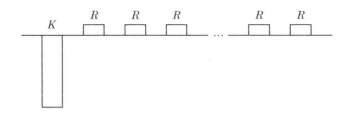

図 2.2　元利均等方式の住宅ローンの流れ

　割賦償還法は元利を均等にして返済する方式であり、次の式(2.4)によって毎期の割賦金 R を求める。

$$K = \frac{R}{1+ir} + \frac{R}{(1+ir)^2} + \frac{R}{(1+ir)^3} + \cdots\cdots + \frac{R}{(1+ir)^n} \tag{2.4}$$

「R の現在価値の総和」(右辺)と「負債額 K」(左辺)とが等しい関係になっている。金融機関が K を融資(お金を貸す)した結果、借り手の n カ月後に返済する R の現在価値が示されているため、右辺は毎月の返済額の現在価値の総額になる。

　さて、式(2.4)より、R を求めると、次の式(2.5)を得る。

$$R = K \frac{ir}{1 - \left(\frac{1}{1+ir}\right)^n} \tag{2.5}$$

　例えば、借用期間 20 年(240 カ月)の年利 3% で 2,000 万円の融資を受ける場合の毎月の支払額 R を求めてみよう。年利が 3% なので月利 ir は 0.03/12 = 0.0025 となる。そして、式(2.5)右辺の分母は $(1 + 0.0025)^{240}$ = 1.820754753 から、1/1.820754753 = 0.450777213 となるので、結局、R = 2000 × 0.0025/0.450777213 となり、R = 11 万 920 円となる。これに返済月数の 240 をかけて融資金額の 2,000 万円を引くと、20 年間に 662 万 800 円の利子を払っていることになる。なお、もしも ir がゼロ、つまり金融機関が金利を一銭も取らずに貸してくれるならば、式(2.5)より R = 2,000 万円 /240 となり、R = 8 万 3,333 円となる。

問 4　2,000 万円のローンを「年利 1.2% および年利 2.4%」「融資期間 35 年(フラット 35)および 15 年」で組む場合、毎月の支払額はいくらになるか。式(2.5)を使って求めよ。

(略解)　年利 1.2% にしろ年利 2.4% にしろ、返済総額は返済期間が長くなれば増える。前者で 260 万円程度、後者で 575 万円ほど多い(**表 2.4**)。早く返済できればそのほうが安

表2.4 住宅ローンの返済額

返済年数	式項目	年利1.2%の場合	年利2.4%の場合
35年	式(2.5)の右辺分数	0.002917021	0.00352158
	R	5万8,340円	7万431円
	返済総額	2,450万2,992円	2,958万1,020円
15年	式(2.5)の右辺分数	0.00607332	0.00662092
	R	12万1,466円	13万2,418円
	返済総額	2,186,3,880円	2,383万5,240円

注) 各金融機関により、端数処理は異なる場合がある。

くなる。なお、35年返済で利率ゼロなら、毎月の返済額は、2,000万円/420カ月＝4万7,619円となる。15年返済なら、2,000万円/180カ月＝11万1,111円となる。

2.3.2 現行の住宅ローンの特徴

住宅ローンの返済方式を議論する前に、現行の住宅ローンの特徴を挙げる。

① 購入物件の金額に対して70%～80%の金額が融資される。
② 融資金額、融資期間、金利について銀行と契約し、融資期間が満了するまでにローンを完済する。
③ 毎月のローン支払額は、金利と融資期間によって求められた「元利均等方式」によるものがほとんどである。
④ 購入物件の所有権は購入者のものだが、購入物件に対する抵当権が貸出人である金融機関に設定される。ローン完済時に抵当権は解除される。
⑤ 住宅ローンの総額を決めるのは、「融資金額である元本、金利、融資期間」の3つである。
⑥ 住宅ローンを受けるためには、保証料を支払う必要がある。この部分は銀行が融資してくれないため、債務者が自分で用意する必要がある。

まず、式(2.4)から明らかなように、一定の融資金額Kのもとでは、月利irが高いほど割賦金Rは増加する。反対にirが低ければ返済額は少なくて済む。ただし、金利と景気は密接に関連しているから、irが操作可能な変数でないことはレンダー（金融機関）にとっても借り手にとっても同様である。同じく利付期間nが小さければRは増加し、nが大きいほどRは小さくなる。つまり、返済額は小さくなる。

図2.3は住宅ローン契約時の書式の一例である。このように、金利については、あらかじめローン契約書に記載されている。

```
                    ご融資の実行のお知らせ

    次回お利息支払日     次回元金返済日      ご融資額          保証料  ¥301,200
      2015.5.27         2015.5.27        ¥20,000,000
    ご融資日           最終返済日         毎月返済部分
      2015.4.27         2034.4.28        ¥20,000,000
    利率              返済回数          増額返済部分
      年  3.000000%      240 回           ¥0

                                              ○○銀行  △支店
```

図 2.3　銀行の住宅ローン融資の明細

2.4　住宅ローンの返済モデル

2.4.1　元利均等方式と元金均等方式

　長期消費者金融には，個人向け融資と企業向け融資があり，その個人向けの代表例が住宅ローンである。以下，住宅ローンの返済モデルについて Excel の財務関数を使用することを念頭に解説する。

　融資の基本的な発想は，**2.3 節**で解説したとおり，毎月の返済金額を現在価値に戻して計算しているところにある。そのやり方には，元利均等方式と元金均等方式の 2 種類がある。それぞれのイメージについては**図 2.4**を参考にしてほしいが，以下，それぞれの定義を示す。

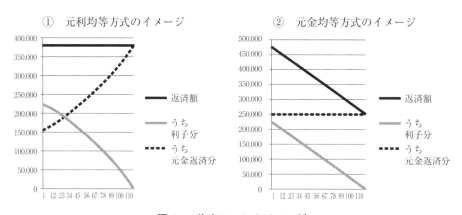

図 2.4　住宅ローンのイメージ

① 元利均等方式

個人向けの住宅ローンで主に使われる方式のことである。元金返済分と利子分の合計を毎月均等にして返済する。

② 元金均等方式

企業向けの融資で主に使われる方式のことである。元金返済分を毎月均等にして返済する。利子分は元金残高が減少するにつれて減少していく。企業向け融資では5年が多い。

2.4.2　2つの返済方式におけるExcelでの計算手順

表2.5および表2.6は、毎月の返済額の計算手順を丸数字で示している。

表2.5　住宅ローンの返済表（元利均等方式）

月	元利均等返済分	利子分	元金返済分	元金残高
	① =pmt関数	② 前月の元金残高×月利	③ = ① − ②	④ = 前期残高 − ③

表2.6　住宅ローンの返済表（元金均等方式）

月	返済分	利子分	元金返済分	元金残高
	③ = ① + ②	② 前月の元金残高×月利	① 借入金額 / 借入月数	④ = 前期残高 − ①

なお、いずれの返済方式であっても、「返済額＝元金返済分＋利子分」が成立する。

(1) 元利均等方式の計算手順

① 返済額は、「= pmt(月利、借り入れ月数、借り入れ額)」を使う。借り入れ額はマイナス表示とする。
② 利子分は、前月の元金残高に月利を乗じて求める。
③ 返済額からこの利子分を引いて元金返済分を計算する。
④ この元金返済分だけ元金残高から差し引く。

(2) 元金均等方式の計算手順

① 借り入れ金額を月数で除して元金返済額を求める。

② 利子分は、前月の元金残高に月利を乗じて求める。
③ 毎月の返済額は、利子分と元金均等返済分を足して求める。
④ この元金返済分だけ元金残高から差し引く。

問5　3,000万円を融資期間10年、年利3%の元利均等方式で借りる。毎月の返済額を、「式(2.5)で計算した場合」「pmt関数を使用して計算した場合」について、それぞれ両者が一致することを確認せよ。

2.4.3　Excelによる返済シートの作成

表2.7、表2.8は、「融資金額3,000万円、融資期間10年、年利3%」という条件のもと、Excelで求めた元利均等方式の返済シートである。表2.7は元利均等方式での返済シートである。元利均等方式では月額38万27円の返済となるため、120カ月で返済額総計は4,560万3,279円となる。その一方、表2.8のように、元金均等方式では当初の月額47万5,000円から返済金額が逓減していき、最終月は25万1,875円となるので、返済総額は4,361万2,500円である。元金均等方式のほうが総額で200万円ほど安くなっているものの、最初の返済総額が9万5,000円程度、元利均等方式よりも高くなっている。

表2.7、表2.8と同様のシートを作成する場合、120カ月目の元金残額が0になることを必ず確認する。0にならなければ、どこかで操作を間違っていることになる。

問6　3,000万円を融資期間10年、年利3%で借りる。毎月の返済シートを作成せよ。また、このときpmt関数を使用して計算せよ。

2.4.4　繰上げ返済や変動金利への対応

本項では、「融資金額2,000万円、返済期間20年、年利3%」の場合における元利均等方式の返済過程を、以下の4ケースについて解説する。
① 当初の予定どおりの返済額で完済する場合。
② 5年後に300万円を繰上げ返済するが、毎月の支払額を変更しない場合。
③ 繰上げ返済をするが、返済期間は変えずに毎月の返済額を減らす場合。
④ 5年後に金利が変更される場合。
①についてはこれまで説明したとおりの手順に従えばよい。

2.4 住宅ローンの返済モデル

表 2.7 元利均等方式の返済シート

月	返済額	うち利子分	うち元金返済分	元金残額
1	380,027	225,000	155,027	29,844,973
2	380,027	223,837	156,190	29,688,783
3	380,027	222,666	157,361	29,531,421
4	380,027	221,486	158,542	29,372,880
5	380,027	220,297	159,731	29,213,149
6	380,027	219,099	160,929	29,052,220
7	380,027	217,892	162,136	28,890,084
8	380,027	216,676	163,352	28,726,733
9	380,027	215,450	164,577	28,562,156
10	380,027	214,216	165,811	28,396,345
11	380,027	212,973	167,055	28,229,290
12	380,027	211,720	168,308	28,060,982
13	380,027	210,457	169,570	27,891,412
14	380,027	209,186	170,842	27,720,571
15	380,027	207,904	172,123	27,548,448
16	380,027	206,613	173,414	27,375,034
17	380,027	205,313	174,715	27,200,319
18	380,027	204,002	176,025	27,024,294
19	380,027	202,682	177,345	26,846,949
20	380,027	201,352	178,675	26,668,274
21	380,027	200,012	180,015	26,488,259
22	380,027	198,662	181,365	26,306,893
23	380,027	197,302	182,726	26,124,168
24	380,027	195,931	184,096	25,940,072
		(途中省略)		
100	380,027	55,188	324,839	7,033,553
101	380,027	52,752	327,276	6,706,277
102	380,027	50,297	329,730	6,376,547
103	380,027	47,824	332,203	6,044,344
104	380,027	45,333	334,695	5,709,649
105	380,027	42,822	337,205	5,372,444
106	380,027	40,293	339,734	5,032,710
107	380,027	37,745	342,282	4,690,428
108	380,027	35,178	344,849	4,345,579
109	380,027	32,592	347,435	3,998,144
110	380,027	29,986	350,041	3,648,103
111	380,027	27,361	352,667	3,295,436
112	380,027	24,716	355,312	2,940,124
113	380,027	22,051	357,976	2,582,148
114	380,027	19,366	360,661	2,221,487
115	380,027	16,661	363,366	1,858,121
116	380,027	13,936	366,091	1,492,029
117	380,027	11,190	368,837	1,123,192
118	380,027	8,424	371,603	751,589
119	380,027	5,637	374,390	377,198
120	380,027	2,829	377,198	0
返済総額	45,603,279			

表2.8 元金均等方式の返済シート

月	返済額	うち利子分	うち元金返済分	元金残額
1	475,000	225,000	250,000	29,750,000
2	473,125	223,125	250,000	29,500,000
3	471,250	221,250	250,000	29,250,000
4	469,375	219,375	250,000	29,000,000
5	467,500	217,500	250,000	28,750,000
6	465,625	215,625	250,000	28,500,000
7	463,750	213,750	250,000	28,250,000
8	461,875	211,875	250,000	28,000,000
9	460,000	210,000	250,000	27,750,000
10	458,125	208,125	250,000	27,500,000
11	456,250	206,250	250,000	27,250,000
12	454,375	204,375	250,000	27,000,000
13	452,500	202,500	250,000	26,750,000
14	450,625	200,625	250,000	26,500,000
15	448,750	198,750	250,000	26,250,000
16	446,875	196,875	250,000	26,000,000
17	445,000	195,000	250,000	25,750,000
18	443,125	193,125	250,000	25,500,000
19	441,250	191,250	250,000	25,250,000
20	439,375	189,375	250,000	25,000,000
21	437,500	187,500	250,000	24,750,000
22	435,625	185,625	250,000	24,500,000
23	433,750	183,750	250,000	24,250,000
24	431,875	181,875	250,000	24,000,000
(途中省略)				
100	289,375	39,375	250,000	5,000,000
101	287,500	37,500	250,000	4,750,000
102	285,625	35,625	250,000	4,500,000
103	283,750	33,750	250,000	4,250,000
104	281,875	31,875	250,000	4,000,000
105	280,000	30,000	250,000	3,750,000
106	278,125	28,125	250,000	3,500,000
107	276,250	26,250	250,000	3,250,000
108	274,375	24,375	250,000	3,000,000
109	272,500	22,500	250,000	2,750,000
110	270,625	20,625	250,000	2,500,000
111	268,750	18,750	250,000	2,250,000
112	266,875	16,875	250,000	2,000,000
113	265,000	15,000	250,000	1,750,000
114	263,125	13,125	250,000	1,500,000
115	261,250	11,250	250,000	1,250,000
116	259,375	9,375	250,000	1,000,000
117	257,500	7,500	250,000	750,000
118	255,625	5,625	250,000	500,000
119	253,750	3,750	250,000	250,000
120	251,875	1,875	250,000	0
返済総額	43,612,500			

②では、300万円を繰上げ返済したのであるから、元金残高が返済分だけ減額される。したがって、毎月の支払利子額は減少する。毎月の返済額は変更しないので、利子の減少分だけ元金返済に回す結果、完済までの期間は短くなる。

③では、繰上げ返済をしたのに返済期間を変えないので毎月の返済額は減少する。繰上げ金額が大きいほどに毎月の返済額は少なくなる。

④は契約時に変動金利性を選択した場合である。今回、返済開始6年目突入時に利率が3%から3.6%に上昇した場合を取り上げた。

なお、スペースの関係で一部省略しているが、ケース①〜④を図2.5のように一覧にしてみた。参考にしてほしい。

(1) 当初の予定どおり返済するケース（表2.9）

毎月の返済額は11万920円である。表2.9には掲載していないが、138カ月目にローン元金残高が1,000万円を切り、193カ月目には500万円を切って、231カ月目に100万円を切っている。最初の100万円を切るのに17カ月も要したことと比較すると、後半の元金減少の速度は加速度的である。

(2) 繰上げ返済するケース（表2.10）

表2.10は、条件を変えずに、5年後に300万円を繰上げ返済する場合を取り上げている。5年（60カ月）目に300万円を返済したので、元金残高は1,606万1,753円が300万円減額されて1,306万1,753円になる。Excelでは以下のように計算される。

利子返済額 = 1,306万1,753円を示すセル番地 × 0.03/12

ただし、このセル番地はpmt関数では絶対番地としなければいけない。そうしないと、コピーするたびにまた、数値自体を手入力しなければならないからである。毎月の返済額は従来のままで変更をしないから、1,306万1,753円に対して0.03%/12の利子が課されるから3万2,654円となる。定額の返済額11万920円からこの分を差し引いた7万8,265円が元金返済に回る。かくして、300万円を途中返済した効果が大きく出て、199カ月目には元金残高は7万2,540円となる。返済シートの200カ月目には元金残高がマイナスになっている。300万円をすでに返済した関係で当初よりも約40カ月早く完済できた。このとき、返済額が元金残高より多い、つまり返済し過ぎの状態にあるので注意が必要である（表2.11）。

元金残高が、定額の返済額よりも小さいので、一括返済することで借金から解放さ

104　第2章　住宅ローンシステムの設計と運用

	ケース1	ケース2	ケース3	ケース4
融資金額	2,000万円	2,000万円	2,000万円	2,000万円
繰り上げ返済	NO	YES(60カ月目終わりに300万円返済)	YES(60カ月目終わりに300万円返済)	NO
借入利率	3%	3%	3%	変動金利のために5年経過時に3.6%にアップ
返済期間	20年	繰り上げ返済したので、返済期間を短縮する	変更しない	変更しない
毎月の返済額	当初どおり	当初どおり	変更する	当初どおり

返済シート

ケース1

月	返済額	元金残高
1	110,920	
…	…	
239	110,920	
240	110,920	0

ケース2

月	返済額	元金残高
1	110,920	
…	…	
60	110,920	
61	110920	
…	…	
199	110,920	
200	72,721	0

ケース3

月	返済額	元金残高
1	110,920	
…	…	
60	110,920	
61	90,202	
…	…	
240	90,202	0

ケース4

月	返済額	元金残高
1	110,920	
…	…	
60	110,920	
61	115,613	
…	…	
240	115,613	0

図2.5　各種の返済条件の変更

2.4 住宅ローンの返済モデル

表 2.9 当初の予定どおり返済するケース

月	毎月の返済額	うち利子分	うち元金返済分	元金残高
1	110,920	50,000	60,920	19,939,080
2	110,920	49,848	61,072	19,878,009
3	110,920	49,695	61,224	19,816,784
4	110,920	49,542	61,378	19,755,407
5	110,920	49,389	61,531	19,693,876
6	110,920	49,235	61,685	19,632,191
7	110,920	49,080	61,839	19,570,352
8	110,920	48,926	61,994	19,508,358
9	110,920	48,771	62,149	19,446,209
10	110,920	48,616	62,304	19,383,905
11	110,920	48,460	62,460	19,321,446
12	110,920	48,304	62,616	19,258,830
13	110,920	48,147	62,772	19,196,057
(途中省略)				
59	110,920	40,507	70,413	16,132,342
60	110,920	40,331	70,589	16,061,753
61	110,920	40,154	70,765	15,990,988
62	110,920	39,977	70,942	15,920,046
63	110,920	39,800	71,119	15,848,927
(途中省略)				
197	110,920	11,540	99,379	4,516,776
198	110,920	11,292	99,628	4,417,148
199	110,920	11,043	99,877	4,317,271
200	110,920	10,793	100,126	4,217,145
201	110,920	10,543	100,377	4,116,768
(途中省略)				
234	110,920	1,922	108,998	659,732
235	110,920	1,649	109,270	550,462
236	110,920	1,376	109,543	440,919
237	110,920	1,102	109,817	331,102
238	110,920	828	110,092	221,010
239	110,920	553	110,367	110,643
240	110,920	277	110,643	0

れる。ただし、これに対する利子は 72,540 円 × 0.03/12% = 181 円なので、これを加えた 72,721 円が最後の返済額となる。これ以上は返済する必要はない (**表 2.12**)。5 年目に 300 万円を返済した効果は返済期間の 40 カ月短縮という効果を生んでいる。3 年超早く借金から解放されたことになる。

表2.10 繰上げ返済するケース

月	毎月の返済額	うち利子分	うち元金返済分	元金残高	
1	110,920	50,000	60,920	19,939,080	
2	110,920	49,848	61,072	19,878,009	
3	110,920	49,695	61,224	19,816,784	
4	110,920	49,542	61,378	19,755,407	
5	110,920	49,389	61,531	19,693,876	
6	110,920	49,235	61,685	19,632,191	
7	110,920	49,080	61,839	19,570,352	
8	110,920	48,926	61,994	19,508,358	
9	110,920	48,771	62,149	19,446,209	
10	110,920	48,616	62,304	19,383,905	
11	110,920	48,460	62,460	19,321,446	
12	110,920	48,304	62,616	19,258,830	
13	110,920	48,147	62,772	19,196,057	
(途中省略)					
59	110,920	40,507	70,413	16,132,342	
60	110,920	40,331	70,589	13,061,753	←月末に300万円を繰り上げ返済した。
61	110,920	32,654	78,265	12,983,488	
62	110,920	32,459	78,461	12,905,027	
63	110,920	32,263	78,657	12,826,370	
(途中省略)					
197	110,920	1,008	109,912	293,188	
198	110,920	733	110,187	183,002	
199	110,920	458	110,462	72,540	
200	72,721	181	72,540	0	

表2.11 繰上げ返済時、返しすぎてしまうケース

199	110,920	458	110,462	72,540
200	110,920	181	110,739	-38,199

表2.12 返しすぎを避けたケース

199	110,920	458	110,462	72,540
200	72,721	181	72,540	0

(3) 繰上げ返済するケース(表2.13)

返済期間を変更せずに毎月の返済額を減額する場合には、61カ月目のpmt関数と

2.4 住宅ローンの返済モデル 107

表 2.13 繰上げ返済するケース

月	毎月の返済額	うち利子分	うち元金返済分	元金残高	
1	110,920	50,000	60,920	19,939,080	
2	110,920	49,848	61,072	19,878,009	
3	110,920	49,695	61,224	19,816,784	
4	110,920	49,542	61,378	19,755,407	
5	110,920	49,389	61,531	19,693,876	
6	110,920	49,235	61,685	19,632,191	
7	110,920	49,080	61,839	19,570,352	
8	110,920	48,926	61,994	19,508,358	
9	110,920	48,771	62,149	19,446,209	
10	110,920	48,616	62,304	19,383,905	
11	110,920	48,460	62,460	19,321,446	
12	110,920	48,304	62,616	19,258,830	
13	110,920	48,147	62,772	19,196,057	
		(途中省略)			
59	110,920	40,507	70,413	16,132,342	
60	110,920	40,331	70,589	13,061,753	←月末に 300 万円を繰り上げ返済した。
61	90,202	32,654	57,548	13,004,206	
62	90,202	32,511	57,692	12,946,514	
63	90,202	32,366	57,836	12,888,678	
		(途中省略)			
197	90,202	9,385	80,817	3,673,136	
198	90,202	9,183	81,019	3,592,117	
199	90,202	8,980	81,222	3,510,895	
200	90,202	8,777	81,425	3,429,470	
		(途中省略)			
234	90,202	1,563	88,639	536,508	
235	90,202	1,341	88,861	447,647	
236	90,202	1,119	89,083	358,564	
237	90,202	896	89,306	269,259	
238	90,202	673	89,529	179,730	
239	90,202	449	89,753	89,977	
240	90,202	225	89,997	0	

して、5年後つまり 60 カ月目に 300 万円を返済したので、元金残高は 1,606 万 1,753 円から 300 万円減額されて 1,306 万 1,753 円になるため、「= pmt(0.03/12,180, 元金残高を示すセル番地)」を入力するが、このセル番地は絶対番地としなければいけない。また、数値自体を手入力してはいけない。この金額 (絶対番地) がその後の計算の基礎となるからで、手入力してしまうと、最後に元金残高が 0 にならないことになる。

(4) 利子率が5年後に変更となるケース（表2.14）

61カ月目のpmt関数は「= pmt(0.036/12,180, 60カ月目の元金残高を示す1,606万1,753円のあるセル番地)」のように入力する。このセル番地の数値を手入力してはいけない。必ず絶対番地で入力してほしい。

表2.14 利子率が5年後に変更となるケース

月	毎月の返済額	うち利子分	うち元金返済分	元金残高
1	110,920	50,000	60,920	19,939,080
2	110,920	49,848	61,072	19,878,009
3	110,920	49,695	61,224	19,816,784
4	110,920	49,542	61,378	19,755,407
5	110,920	49,389	61,531	19,693,876
6	110,920	49,235	61,685	19,632,191
7	110,920	49,080	61,839	19,570,352
8	110,920	48,926	61,994	19,508,358
9	110,920	48,771	62,149	19,446,209
10	110,920	48,616	62,304	19,383,905
11	110,920	48,460	62,460	19,321,446
12	110,920	48,304	62,616	19,258,830
13	110,920	48,147	62,772	19,196,057
（途中省略）				
59	110,920	40,507	70,413	16,132,342
60	110,920	40,331	70,589	16,061,753
61	115,613	48,185	67,428	15,994,326
62	115,613	47,983	67,630	15,926,695
63	115,613	47,780	67,833	15,858,863
（途中省略）				
197	115,613	14,277	101,336	4,657,521
198	115,613	13,973	101,640	4,555,880
199	115,613	13,668	101,945	4,453,935
200	115,613	13,362	102,251	4,351,684
（途中省略）				
234	115,613	2,399	113,214	686,453
235	115,613	2,059	113,554	572,899
236	115,613	1,719	113,894	459,004
237	115,613	1,377	114,236	344,768
238	115,613	1,034	114,579	230,190
239	115,613	691	114,922	115,267
240	115,613	346	115,267	0

← 利率が年利3%から3.6%に変更

問7　「融資金額2,000万円、返済期間20年、年利3%」として、5年後に300万円を繰上げ返済するケースは上記(2)で計算した。さらに8年後に300万円を繰上げ返済する場合の返済シートを作成せよ。なお、毎月の支払額については変更しない。

(略解)　返済シートは省略する。167カ月目に3,068円(元金3,060円+利子8円)を返済して終わることを確認してほしい。

2.4.5　ボーナス返済を併用する場合

　年に2回ボーナスがある給与所得者の場合、ボーナスの一部をローン返済に回すケースがある。前項の数値例を使い、ローン借入額2,000万円について、毎月返済分に1,000万円、ボーナス返済分に1,000万円を充てる場合を考えると、Excelの関数は表2.15のようになる。

- 毎月返済分　　：　= pmt(0.03/12,240, −10000000)
- ボーナス返済分：　= pmt(0.03/2,40, −10000000)

　ボーナス返済では、6カ月ごとに返済できると考えるので、計算の単位は月ではなく半年となる。したがって、返済期間20年では返済回数が40回となる。利率は半年ごとの返済なので年利の半分(0.03/2 = 0.015)となるから、元金残高に対して半年分の利率0.015を乗じて計算を行う。例えば、6カ月目では、元金1,000万円に対して0.015を乗じた15万円が利子分となり、33万4,271円から15万円を引いた18万4,271円が元金返済に回る。同様にして、12カ月目には、元金残高981万5,729円に対して0.015を乗じた14万7,236円が利子分になる。240カ月目で、毎月の返済分もボーナス返済分も元金残高が0となるまで同様の操作が続く。

2.4.6　元金均等返済の変形方式

　2.4.5項までの解説から、返済総額は元金均等方式のほうが少なくなることがわかった。そこで、職場のなかには、従業員の福利厚生を図る目的で、負担の少ない元金均等方式でひとまず総返済額を計算し、次にこれを返済期間で除し、各月の返済金額を均等にして毎月返済させる変形方式を採用している場合がある。その場合、計算式は以下のとおりである。

　　　　毎月の返済額＝(借入元金 / 月数)＋(利子総額 / 月数)

　2.4.3項の事例では、毎月の元金返済分は「3,000万円/120カ月 = 25万円」、毎月の利子は「1,361万2,500円(利子総額)/120カ月 = 11万3,438円」となるから、毎月

表2.15 ボーナス返済のワークシート

月	毎月の返済額	うち利子分	うち元金返済分	元金残高	ボーナス時返済額	うち利子分	うち元金返済分	元金残高	返済額計
1	55,460	25,000	30,460	9,969,540					55,460
2	55,460	24,924	30,536	9,939,004					55,460
3	55,460	24,848	30,612	9,908,392					55,460
4	55,460	24,771	30,689	9,877,703					55,460
5	55,460	24,694	30,766	9,846,938					55,460
6	55,460	24,617	30,842	9,816,095	334,271	150,000	184,271	9,815,729	389,731
7	55,460	24,540	30,920	9,785,176					55,460
8	55,460	24,463	30,997	9,754,179					55,460
9	55,460	24,385	31,074	9,723,105					55,460
10	55,460	24,308	31,152	9,691,953					55,460
11	55,460	24,230	31,230	9,660,723					55,460
12	55,460	24,152	31,308	9,629,415	334,271	147,236	187,035	9,628,694	389,731
13	55,460	24,074	31,386	9,598,029					55,460
14	55,460	23,995	31,465	9,566,564					55,460
15	55,460	23,916	31,543	9,535,021					55,460
16	55,460	23,838	31,622	9,503,398					55,460
17	55,460	23,758	31,701	9,471,697					55,460
18	55,460	23,679	31,781	9,439,917	334,271	144,430	189,841	9,438,853	389,731
(途中省略)									
228	55,460	1,771	53,688	654,827	334,271	14,602	319,669	653,795	389,731
229	55,460	1,637	53,823	601,005					55,460
230	55,460	1,503	53,957	547,048					55,460
231	55,460	1,368	54,092	492,955					55,460
232	55,460	1,232	54,227	438,728					55,460
233	55,460	1,097	54,363	384,365					55,460
234	55,460	961	54,499	329,866	334,271	9,807	324,464	329,331	389,731
235	55,460	825	54,635	275,231					55,460
236	55,460	688	54,772	220,459					55,460
237	55,460	551	54,909	165,551					55,460
238	55,460	414	55,046	110,505					55,460
239	55,460	276	55,183	55,321					55,460
240	55,460	138	55,321	0	334,271	4,940	329,331	0	389,731

の支払額は36万3,438円となる（表2.16）。

ここで注意すべきは、繰上げ返済をしてしまうと、この変形方式の有利性が半減してしまうことである。元利均等方式に切り替わるためである。変形方式では、元金残高を繰上げ返済するだけでなく、元利均等方式の下で支払うべき利子総額と実際に支払ってきた利子総額の差額を追加的に徴収するのである。例えば、100カ月目の最終

2.4 住宅ローンの返済モデル

表 2.16 変形方式の返済シート

月	返済額	うち利子分	うち元金返済分	元金残額
1	363,438	113,438	250,000	29,750,000
2	363,438	113,438	250,000	29,500,000
3	363,438	113,438	250,000	29,250,000
4	363,438	113,438	250,000	29,000,000
5	363,438	113,438	250,000	28,750,000
6	363,438	113,438	250,000	28,500,000
7	363,438	113,438	250,000	28,250,000
8	363,438	113,438	250,000	28,000,000
9	363,438	113,438	250,000	27,750,000
10	363,438	113,438	250,000	27,500,000
11	363,438	113,438	250,000	27,250,000
12	363,438	113,438	250,000	27,000,000
13	363,438	113,438	250,000	26,750,000
14	363,438	113,438	250,000	26,500,000
15	363,438	113,438	250,000	26,250,000
16	363,438	113,438	250,000	26,000,000
17	363,438	113,438	250,000	25,750,000
18	363,438	113,438	250,000	25,500,000
19	363,438	113,438	250,000	25,250,000
20	363,438	113,438	250,000	25,000,000
21	363,438	113,438	250,000	24,750,000
22	363,438	113,438	250,000	24,500,000
23	363,438	113,438	250,000	24,250,000
24	363,438	113,438	250,000	24,000,000
(途中省略)				
100	363,438	113,438	250,000	5,000,000
101	363,438	113,438	250,000	4,750,000
102	363,438	113,438	250,000	4,500,000
103	363,438	113,438	250,000	4,250,000
104	363,438	113,438	250,000	4,000,000
105	363,438	113,438	250,000	3,750,000
106	363,438	113,438	250,000	3,500,000
107	363,438	113,438	250,000	3,250,000
108	363,438	113,438	250,000	3,000,000
109	363,438	113,438	250,000	2,750,000
110	363,438	113,438	250,000	2,500,000
111	363,438	113,438	250,000	2,250,000
112	363,438	113,438	250,000	2,000,000
113	363,438	113,438	250,000	1,750,000
114	363,438	113,438	250,000	1,500,000
115	363,438	113,438	250,000	1,250,000
116	363,438	113,438	250,000	1,000,000
117	363,438	113,438	250,000	750,000
118	363,438	113,438	250,000	500,000
119	363,438	113,438	250,000	250,000
120	363,438	113,438	250,000	0
返済総額	43,612,500			

日に元金残額500万円を全額返済しても、「これで終わり」とは残念ながらならないのである。元金均等方式の利子総額は1,134万3,750円であるのに対して、元利均等方式での利子総額は1,503万6,285円である。この差額369万2,835円も支払わなければならず、返還総額は869万2,835円となる。これは、意外に大きい。もしも、最初から元利均等方式で返済を続けていたら、元金残高は703万3,553円であり、繰り上げ返済すればふつうに借金はなくなる（表2.17）。

表2.17 元金均等返済の変形方式と元利均等方式の比較

元金均等返済の変形	元金残高 500 万円	未払い利子総額 369 万 2,835 円
元利均等方式	元金残高 703 万 3,553 円	

　元金均等方式では借り入れ初期数年間の返済額が非常に高くなり借入者には経済的負担は大きい。このために変形方式を採用してこうした不安をなくすために均等払いに調整している。もしも、一括繰上げして借金から解放されると、その代償として元金均等方式のもとで借り入れ初期に支払うべき高額の利子を先延ばしにしていることになる。この利子未払い分を繰上げ時に支払わなければならず、額面よりも支払金額が大きくなるのである。

2.5 住宅ローンの保証料

2.5.1 連帯保証人と保証人

　昔から「連帯保証人や保証人にはなるな」といわれてきた。連帯保証人は債務者と一心同体で債務者と同じ義務を負う。債務者と同格であるから、債務者に請求できなくなった場合、連帯保証人自身が借りたことと同じとみなされて、債権者は連帯保証人に請求してくる。単なる保証人の場合なら、「催告の抗弁権（defence right of notification：債権者は私に請求する前にまず債務者に催促せよ）」および「検索の抗弁権（defence right of attachment：債権者は私に請求する前に債務者の財産を検索して差し押さえよ）」を行使して抵抗できる。しかし、これらの権利は連帯保証人にはない。あくまで、債務は「債務者本人＝連帯保証人の債務」とされてしまうのである。これはとても恐ろしい。ある法学部の卒業生は「民法の授業で覚えているのは連帯保証人どころか絶対に保証人にもなるなといわれたことです」といっていたがその

とおりである。

2.5.2 保証会社の役割

　住宅ローンは借金である以上、保証人が必要である。何千万円という借金の保証人を個人に依頼することはまずないため、保証会社（多くは銀行の子会社）が保証人になる。住宅ローン契約書の冒頭には、「借主は、○○銀行総合保証会社の保証にもとづき、裏面の規定を承認のうえ、○○銀行から下記の要領のとおり金銭を借り受けました」のような文言がある。そして、契約書の最後には、「借主にこの債務全額の返済義務が生じた場合には、銀行はこの債務の保証先に対して、この債務全額の返済を請求することになります。保証先が借主に代わってこの債務全額を銀行に返済した場合は、借主は保証先にこの債務全額を返済することになります」といったような文言も書かれている。

　借主は住宅ローンの保証の対価として保証料を保証会社に支払う。ただし、この保証会社が銀行の子会社であっても、「万が一の場合に住宅ローンを肩代わりしてくれる」と思うと大きな間違いである。逆にこの保証会社は、代位弁済といって返済の催促や債権の取立てを直接行ってくる。借主がローンを返済できない場合には、保証会社が全額返済する代わりに住宅ローン債権は銀行から保証会社に全額移る。つまり、借り手から見れば債務者が銀行から保証会社に変わっただけである。ローンが返済できなければ、最終的に保証会社は担保として差し入れていた物件を競売などで売却する。3,000万円のローンを組むと、保証料は総額で60万円程度になる。ちなみに、ノンバンクから借りると保証料はとられないが、事務手数料として同額程度を徴収されるので、どこでも追加費用がかかるのは同じである。

2.5.3 保証料の基本的な計算方式のルール

　保証料の計算については、業界全体の約款などの基準はない。そこで、本書では、一般的な処理方式[2]にもとづいて、次の計算手順で進める。

　① 保証率は主要な銀行では一般に年率0.2％に決めている。したがって、月率は「0.2/12％」となる。

---

[2] 長期住宅ローン研究推進協議会：『次世代住宅ローンシステム構築に関する報告書』、p.61、価値総合研究所、2011年

② 住宅ローンの月末の債務残高に保証料月率 0.2/12%を乗じて、名目保証料を計算する。
③ 年割引率を貸出年利よりも安く設定する。貸出年利 3%ならば、それよりも低い年割引率、例えば、年 1.8%(月利 0.15%)を設定する。
④ 名目保証料を現在価値に戻して、これを保証料の現在価値とする。
⑤ 融資期間中の④の総計をもって、融資時に請求する保証金を計算する。

2.5.4 保証料の計算

表 2.18 は、これまでの試算表と同じ「融資期間 20 年、年利 3%、融資額 2,000 万円」という条件の住宅ローンのもとで行った保証料の試算表である。このように Excel で計算してみると、融資時に支払う保証料は 38 万 7,554 円となることがわかる(表 2.18 の最右列目の保証料現価総計値)。

ここで例えば、60 カ月後に元金残高全額を一括返済する場合は、すでに 17 万 2,747 円(最右列の 60 回の数値)を保証料として支払っているので、残り 15 年分の保証料である 21 万 4,807 円(= 387,554 − 172,747)は、一括返還した以上保証してもらう必要がないから、その分は返済されて戻ってくる。ただし、繰上げ一括返済の事務手数料として、最初の保証料 38 万 7,554 円の 10%が経費として一括控除されるので、正確な返金額は、21 万 4,807 円から 3 万 8,755 円を控除した 17 万 6,052 円となる。

図 2.6 は、保証料のイメージを描いていたものである。まず、融資期間中の住宅ローン借入の「元金残高」は返済当初、利子分に多く回る。そのため、「元金残高の減り方」は小さいが、時間が経過するにつれて「元金残高の減り方」は大きく増えるため、「元金残高」は右下がりのカーブで減っていく。保証料は「元金残高」に比例して減少するため、これも右下がりのカーブで減っていく。本来なら、元金残高のカーブは保証料のカーブよりも、ずっと上にあるのだが、図 2.6 はあくまでイメージなので見やすさを優先させている。

このときの保証料を現在価値に割り戻した「保証料現価」のカーブは、時間が経つに連れ、大きく変化しているのがわかる。返済開始の当初は、現在価値に割り引いても減少幅は小さい。しかし、時間の経過とともに割引率は大きくなるため、「保証料現価」は時間が経つにつれて大きく減じていく。

上記の例に戻れば、20 年(240 カ月)の住宅ローン返済開始から 5 年(60 カ月)後に一括返済した場合、当初、設定された 240 カ月分の保証料から 60 カ月分の経過保証

2.5 住宅ローンの保証料　115

表2.18　保証料の試算表の一例

	A	B	C	D	E	F	G	H
1		保証料の計算		年保証率	0.002	年割引率	0.018	
2								
3	回数	毎月の返済額	うち利子分	うち元金返済分	元金残高	名目保証料	保証料現価	保証料現価累計値
4	1	110,920	50,000	60,920	19,939,080	3,323	3,318	3,318
5	2	110,920	49,848	61,072	19,878,009	3,313	3,303	6,621
6	3	110,920	49,695	61,224	19,816,784	3,303	3,288	9,909
7	4	110,920	49,542	61,378	19,755,407	3,293	3,273	13,182
8	5	110,920	49,389	61,531	19,693,876	3,282	3,258	16,440
9	6	110,920	49,235	61,685	19,632,191	3,272	3,243	19,683
10	7	110,920	49,080	61,839	19,570,352	3,262	3,228	22,910
11	8	110,920	48,926	61,994	19,508,358	3,251	3,213	26,123
12	9	110,920	48,771	62,149	19,446,209	3,241	3,198	29,321
13	10	110,920	48,616	62,304	19,383,905	3,231	3,183	32,503
14	11	110,920	48,460	62,460	19,321,446	3,220	3,168	35,671
15	12	110,920	48,304	62,616	19,258,830	3,210	3,153	38,823
16	13	110,920	48,147	62,772	19,196,057	3,199	3,138	41,961
17	14	110,920	47,990	62,929	19,133,128	3,189	3,123	45,084
18	15	110,920	47,833	63,087	19,070,041	3,178	3,108	48,191
19	16	110,920	47,675	63,244	19,006,797	3,168	3,093	51,284
20	17	110,920	47,517	63,403	18,943,394	3,157	3,078	54,362
21	18	110,920	47,358	63,561	18,879,833	3,147	3,063	57,425
22	19	110,920	47,200	63,720	18,816,113	3,136	3,048	60,473
			途中省略					
60	57	110,920	40,858	70,062	16,272,992	2,712	2,490	165,364
61	58	110,920	40,682	70,237	16,202,755	2,700	2,476	167,840
62	59	110,920	40,507	70,413	16,132,342	2,689	2,461	170,301
63	60	110,920	40,331	70,589	16,061,753	2,677	2,447	172,747
64	61	110,920	40,154	70,765	15,990,988	2,665	2,432	175,180
65	62	110,920	39,977	70,942	15,920,046	2,653	2,418	177,598
66	63	110,920	39,800	71,119	15,848,927	2,641	2,403	180,001
			途中省略					
237	234	110,920	1,922	108,998	659,732	110	77	387,361
238	235	110,920	1,649	109,270	550,462	92	65	387,425
239	236	110,920	1,376	109,543	440,919	73	52	387,477
240	237	110,920	1,102	109,817	331,102	55	39	387,516
241	238	110,920	828	110,092	221,010	37	26	387,542
242	239	110,920	553	110,367	110,643	18	13	387,554
243	240	110,920	277	110,643	0	0	0	387,554
244						438,046	387,554	
245						保証料総計	保証料現価総計	

（セル情報）
F4：　E4*$E$1/12
G4：　F4*(1/(1+$G$1/12))^A4
H4：　G4
H5：　H4+G5

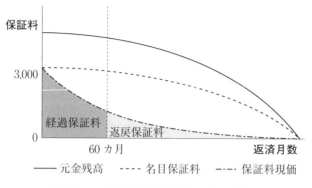

図 2.6 一括返済時の保証料のイメージ

料(月間保証料の累積額)を差し引いた残額は 21 万 4,807 円であった。これが「未経過保証料」とか「返戻保証料」とよばれるものである。

問 8 「融資額 4,000 万円、融資期間 25 年、年利 3%」の住宅ローンを組んだ。このとき、契約の際に支払う保証料はいくらか。
(略解) 96 万 954 円となる。

2.6 住宅ローンの証券化

2.6.1 ノンリコースローンとリコースローン

　消費者保護が進んでいる米国では、住宅ローンはノンリコースローン(no recourse loan、非遡及型)である。万が一、返済に窮して担保を手放した場合、担保物件を売却してもローン残高がまかなえない場合であっても、残った債務は借主が抱えることのない仕組みをとっている。債務者のほかの財産に責任が及ばないのでそもそも保証人がいらない。その理由は、米国の銀行は担保の査定能力に自信がありその範囲でしか融資しないからである。そのため、担保価値が落ちてもそれは自己責任と割り切る。だから銀行融資の際は、保証会社が間に入らない。それに対して日本のやり方はリコースローン(遡及型)とよばれている。

　サブプライムローンは、証券化という仕組みをとっていたから、返済が滞っても直接には融資した銀行の不良債権にはならなかった。銀行は住宅ローンの債権を束にし

て、証券化して販売した時点で貸し付け資金を回収した。不良資産を抱えたのはこの証券を購入した保険会社やほかの金融機関であった。ところが日本の場合、住宅を叩き売っても債務が残る場合、個人の債務者がこれを一生払い続けるという悲惨な状況に追い込まれる。これには銀行側の言い分がある。店舗やビルであれば、賃貸物件としての収益が見込まれるので残債務の処理には時間はかかるが回収できる可能性は強い。しかし、住宅の場合は賃貸に出せるかどうかはわからないし、借り手がついても永続的な収益を生むことは難しいというのである。融資銀行にとって焦げ付き債権（回収できない債権）は経営を直撃する。保証会社に物件を任せるに越したことはないのである。

2.6.2　住宅ローンの証券化とサブプライムローン

　銀行の経営戦略にリテール戦略がある（Retail は小売の意味である）。住宅ローンは銀行にとって重要な金融商品である。そのため、優良な資産である住宅ローンを積み上げて、リテール分野での収益基盤を強化することは経営課題の中心的なテーマの一つである。

　しかし、住宅ローンという長期貸付を行う銀行にとって、住宅ローンには大きな課題がある。それは貸付資金が長期的に固定化されてしまうという難点である。3,000万円貸し付ければ、その分だけ長期にわたり他人には貸付が難しくなる。本来ならば貸し付けに回せられる資金が動かせなくなるため、ここで「住宅ローン証券化」が登場する。

　「住宅ローン証券化」とは、住宅ローンを証券にして、投資家に販売する仕組みである。銀行は貸付資金が回収できるため、資金の流動性が高まるほかに、長期間にわたる顧客への管理回収業務から解き放たれる。投資家にとっても、ハイリターンの魅力的な金融商品が増えるため、投資ポートフォリオの選択の幅が広がる。銀行にとっては、とくにいったん住宅ローンを債券化しておけば、ALM（= Asset Liability Management：資産負債）管理の柔軟性が高まるのである。また、証券化は従来の金融機関だけでなくノンバンクにも住宅ローン市場への参入を容易にする。

　実際、日本国内では1997年の金融自由化により、かつて住宅ローンの多くを担ってきた住宅金融公庫が直接の住宅ローン貸付業務を禁じられた。その後は、民間の銀行やノンバンクの多くが住宅ローン市場へと参入した。そして現在、組織的に住宅金融公庫を受け継いだ住宅金融支援センター（2007年設立）の主たる業務は、民間の金

融機関が融資したフラット35などの住宅ローンを買い取り、これを証券化して投資家に販売することであり、そのほか災害復興住宅への融資など限定された一部の融資業務を行っているだけである。

　2008年に起こったリーマンブラザーズ破産の影響は世界経済に大きな打撃を与えた。筆者のゼミ生の就職先には毎年メガバンクが名を連ねているのだが、2009年春の卒業生の就職先名簿には地銀の名前があるだけである。採用人数を非常に抑えた影響が出ているのだろう。この遠因となったのがサブプライムローンの焦げ付きで生じた金融危機である。サブプライムローンとは、プライム（＝優良顧客）と比べてサブ（＝低い）である人々に対する住宅ローンのことである。米国では2001年から住宅バブルになっていたため、返済能力の低い人のなかには「高利で借りても買値よりも高値で住宅を売り抜けば儲かる」と考えた人も多く、金融機関は「借り手の返済があやしくとも住宅を担保にとれば安心である」として高利で貸し付けた。こうした住宅ローン債権をまとめて証券化した金融商品に対して、世界中の投資家が注目した。不動産が値崩れし、返済を滞納する人々が続出した結果、サブプライムローン債券はもちろん株も債券もすべて暴落した。この結果、全米4位の投資銀行リーマンブラザーズは2008年9月に破産した。

　ちなみに、経営のグローバル化を目指した野村證券は、リーマンブラザーズの優秀な人材獲得を一挙に進める絶好のチャンスと考え、同社のアジア法人およびヨーロッパ法人を買収した。外国人の優秀な人材の流出を防ぐために給与水準はリーマンブラザーズ時代と大きく変えない配慮を示した。野村證券G職に採用された男子のゼミ生の初任給は当時60万円であった。

第3章 航空会社の予約システムの仕組み

3.1 航空会社の予約システム

3.1.1 概要

　航空機には鉄道のように「立ち席」はない。定員を超えた乗客を乗せて運航するわけにはいかないからである。しかし、予約客は全員がチェックインのために当日搭乗カウンターに現れる(show)とは限らない。そこで、定員を超える予約客をとる。これがオーバーブッキング(overbooking)である。show する確率を 0.9 として、最適予約人数モデルの設計に進む。この場合、航空会社は、カウンターに現れない、つまりno-show の予約客をあらかじめ計算して、最適な予約客を決めることになる。例えば、show する確率が 50% であれば、条件にもよるが航空会社は航空機の座席数に対しておおよそ 2 倍の予約客をとることになるだろう。

　米国ではオープンチケット制があり、たとえ満席で乗れなくても次の便に乗れる。日本では、エコノミー席のあぶれた予約客をビジネス席にアップする場合もある。それでも満席の場合は、乗客のなかから代替交通手段および協力金を提示するというやり方で対応している。自主的に応募してくれる予約客には、例えば一万円の協力金を支払ったり、マイレージ会員には特別に一定のマイルを加算するといったやり方である。さらに、代替交通手段がない場合にはチケット代金を全額払戻ししたうえで協力金を支払うというやり方もある。

　航空機予約システムの設計には重要な概念が 2 種類ある。二項分布(binominal distribution)および期待損失(expected loss)である。

3.1.2 二項分布

(1) 定義

予約客がカウンターに現れる (show) 確率を p、来ない (no-show) 確率を $q(=1-p)$ とすれば、n 人の予約客をとったとき、show する人数を x とすれば、x の確率分布は次のとおりである。

$$p(x) = {}_nC_x p^x q^{n-x} \qquad (x = 0, 1, 2, \cdots, n)$$

このとき、「確率変数 x は二項分布に従う」という。二項分布の式は $B(x, n, p)$ で表現する。ただし、$0 < p < 1$、$q = 1 - p$ とする。この場合、確率関数は表 3.1 のようになる。

表 3.1 二項確率関数

x	0	1	r	n	計
$p(x)$	${}_nC_0 q^n$	${}_nC_1 p q^{n-1}$	${}_nC_r p^r q^{n-r}$	${}_nC_n p^n$	1

(2) 二項分布の形状

$p = 0.9$ で $n = 5$ の場合の二項分布を求めてみよう。つまり、予約客を 5 人とって何人が show するかを二項分布で求めると、次のようになる。

$p(0) = {}_5C_0 (0.1)^5 = 0.00001$ ←誰も現れない
$p(1) = {}_5C_1 0.9 (0.1)^4 = 0.00045$ ← 1 人だけ来る
$p(2) = {}_5C_2 (0.9)^2 (0.1)^3 = 0.0081$ ← 2 人だけ来る
$p(3) = {}_5C_3 (0.9)^3 (0.1)^2 = 0.0729$ ← 3 人来る
$p(4) = {}_5C_4 (0.9)^4 0.1 = 0.32805$ ← 4 人来る
$p(5) = {}_5C_5 (0.9)^5 = 0.59049$ ← 5 人全員来る

次に、$p = 0.1$ で $n = 5$ の場合の二項分布を求めてみよう。つまり、予約客を 5 人とって何人が show するかを二項分布で求めると、次のようになる。

$p(0) = {}_5C_0 (0.9)^5 = 0.59049$ ←誰も現れない
$p(1) = {}_5C_1 0.1 (0.9)^4 = 0.32805$ ← 1 人だけ来る
$p(2) = {}_5C_2 (0.1)^2 (0.9)^3 = 0.0729$ ← 2 人だけ来る
$p(3) = {}_5C_3 (0.1)^3 (0.9)^2 = 0.0081$ ← 3 人来る
$p(4) = {}_5C_4 (0.1)^4 0.9 = 0.00045$ ← 4 人来る
$p(5) = {}_5C_5 (0.1)^5 = 0.00001$ ← 5 人全員来る

3.1.3 期待損失

宝くじで一等賞金が当たれば3億円だが、その当選確率が0.0000001とすれば、期待利益は30円（= 3億円 × 0.0000001）である。また、当選確率3%のおみくじの当選金を1万円とすれば、期待利益は300円である。同様に考えると、空席が1席発生した場合、航空燃料代が仮に5,000円ならば、それがすべて無駄になるが、空席になる確率が0.01であれば、期待損失は50円にしかならない。

3.2 座席数20席の航空機の最適な予約人数を求める

3.2.1 問題設定

ある地域の航空会社が、座席数20席の航空機を使って、大都市との間を毎日運航しているとする。過去の経験から予約客の90%が当日、空港カウンターに現れるとしよう。残り10%の予約客は姿を見せないので自動的に予約取消しとなる。彼らの無断キャンセルは、航空会社にとって由々しき問題である。離陸直前に空席が発生するからである。そこで、あらかじめ一定のキャンセル客を見込んで多めに予約客を受け入れたい。最適な予約管理システムをつくりあげるには、一体何人の予約を受け入れればよいか。ただし、空席のまま飛行機を飛ばすと、1シート当たり5,000円のガソリン代がかかる。また、オーバーブッキング（overbooking）によって乗れなかった顧客をなだめる賠償費用もあるが、それは1人につき、2万円とする。

座席数：20　　　　p(showする確率) = 0.9　　　q(no showする確率) = 0.1
空席費用：5,000円　　overbooking費用：2万円

ここで、以下、20人の場合を例示的に計算しよう。20人のなかで当日何人がshowするのかを二項分布を用いて計算する。予約客20人が全員来てもオーバーブッキングは生じない。席数しか予約客をとっていないからである。ところが、予約客を21人以上とると、全員がshowすることがありうるので、オーバーブッキングが発生する。したがって、確率計算を行う必要が出てくる。図3.1はこの事情を示している。灰色の部分がオーバーブッキングの可能性を示している。

3.2.2 Excelの手順と計算結果

最適な予約管理を行うための計算の流れは以下のとおりである。
　① 二項分布の確率計算を行う。

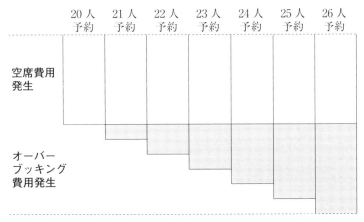

注）26人の予約を入れると、21人から26人の予約客がshowする確率を計算する必要がある。

図3.1 航空機予約システム

② 空席数による損害費用（5,000円×空席数）を求め、これに生起確率を乗じて「期待損害費用」を求める。5,000円は航空機燃料代とする。

③ オーバーブッキングによる期待費用を求める。オーバーブッキング(ob)費用は一席2万円とすると、「2万円×あふれた予約者数」がオーバーブッキング費用となる。これに生起確率を乗じ、期待オーバーブッキング費用を求める。

④ 最後に、②と③の合計を求める。これがある一定の予約数のもとで発生する総費用(total cost)である。総費用が最小となる予約数が、望ましい最適な予約数となる。

こうして、Excelを使った計算手順は以下のとおりとなる。

❶ 予約数20人の場合（表3.2）

実際の客数が0人の場合の二項分布の確率（2列目）を計算する。このとき、「= binomdist("実際の客数"のセル番地, 20, 0.9, false)」を2列目に入力する。例えば一行目では、空席数は「20 − 0 = 20席」となる。空席損害（3列目）に関しては、20 × 5000を入力し、これに生起確率を乗じて、空席損害費用（4列目）を求める。これで一行目が終わる。これを予約客20人までコピーする。なお、20席に20人をあてた場合なので、オーバーブッキングはありえない。表3.2の小計(1)は空席費用の合計、小計(2)はオーバーブッキング費用の合計、そして最後

3.2 座席数 20 席の航空機の最適な予約人数を求める

表 3.2 予約人数 20 人の場合

予約数 20			
実際の客数	確率	空席による損害	空席による期待損害
0	0.000	100,000	0
1	0.000	95,000	0
2	0.000	90,000	0
3	0.000	85,000	0
4	0.000	80,000	0
5	0.000	75,000	0
6	0.000	70,000	0
7	0.000	65,000	0
8	0.000	60,000	0
9	0.000	55,000	0
10	0.000	50,000	0
11	0.000	45,000	2
12	0.000	40,000	14
13	0.002	35,000	69
14	0.009	30,000	266
15	0.032	25,000	798
16	0.090	20,000	1,796
17	0.190	15,000	2,852
18	0.285	10,000	2,852
19	0.270	5,000	1,351
20	0.122	0	0
		小計(1)	10,000

実際の客数	確率	オーバーブッキングによる賠償損害	オーバーブッキングによる予想損害
21	0	0	0
22	0	0	0
23	0	0	0
24	0	0	0
25	0	0	0
26	0	0	0
27	0	0	0
		小計(2)	0

小計(1)	10,000
小計(2)	0
合計 = (1)+(2)	10,000

表 3.3 予約人数 21 人の場合

予約数			
21			
実際の客数	確率	空席による損害	空席による期待損害
0	0.000	100,000	0
1	0.000	95,000	0
2	0.000	90,000	0
3	0.000	85,000	0
4	0.000	80,000	0
5	0.000	75,000	0
6	0.000	70,000	0
7	0.000	65,000	0
8	0.000	60,000	0
9	0.000	55,000	0
10	0.000	50,000	0
11	0.000	45,000	0
12	0.000	40,000	3
13	0.001	35,000	18
14	0.003	30,000	80
15	0.011	25,000	279
16	0.038	20,000	754
17	0.100	15,000	1,497
18	0.200	10,000	1,996
19	0.284	5,000	1,418
20	0.255	0	0
		小計(1)	10,000

実際の客数	確率	オーバーブッキングによる賠償損害	オーバーブッキングによる予想損害
21	0.109	20,000	2,188
22	0	0	0
23	0	0	0
24	0	0	0
25	0	0	0
26	0	0	0
27	0	0	0
		小計(2)	2,188

	小計(1)	6,047
	小計(2)	2,188
	合計	8235.474728

の合計は全体の期待費用となる。

❷ 予約数 21 人の場合（表 3.3）

実際の客数が 0 人の場合の二項分布の確率を計算する。このとき❶と同様に「= binomdist("実際の客数"のセル番地, 21, 0.9, false)」を 2 列目に入力する。なお、20 席に 21 人をあてたので、オーバーブッキングが発生する可能性がある。21 人全員が当日 show する確率は、0.109418989 である。1 席がオーバーブッキングすると費用は 2 万円かかり、これが確率 0.109418989 で生ずるので、期待損害費用（4 列目）は 2,188 円となる。

次の表 3.4 は、予約数 20 人～27 人の場合の計算結果を示す。このとき、最適予約人数は 21 名となり、期待費用は 7,740 円となる。

表 3.4　予約人数の総費用

予約数	空席費用	オーバーブッキング費用	合計
20	8,000	0	8,000
21	4,268	3,472	7,740
22	1,925	12,499	14,424
23	748	26,192	26,941
24	256	42,623	42,879
25	78	60,314	60,392
26	22	78,487	78,509
27	6	96,822	96,828

なお、オーバーブッキングが生じた場合、「今後二度とこの航空会社を予約しない」と考える顧客が出るかもしれない。ブランドマネジメントの面から見て、予約数 20 人と予約数 21 人との差が 260 円（= 8,000 − 7,740）なら、オーバーブッキングのリスクを負うより、むしろ「20 人の予約で抑えるがよい」という解釈も出てくる。統計的には間違いなく最適予約人数は 21 人であるが、営業本部は、個人的な最適予約人数を 20 人と判断するかもしれない。

3.2.3　シミュレーション

p が 0.99、0.95、0.90、0.86、0.81、そして 0.77 のそれぞれのもとでの、最適予約人数を計算すると、表 3.5 のようになる。一般的に show する確率が下がれば下がるほど、多くの予約客を受け入れることになる。$p = 0.77$ では、最適予約人数は 24 人で

表3.5 シミュレーションの結果

予約数	show 確率					
	0.99	0.95	0.90	0.86	0.81	0.77
20	1,000	5,000	8,000	14,000	19,000	23,000
21	16,293	8,764	7,740	10,753	15,249	19,253
22	35,635	21,042	14,424	10,454	12,636	15,982
23	55,402	37,790	26,941	14,489	12,292	13,859
24	75,200	56,177	42,879	22,974	15,109	13,671
25	95,000	75,035	60,392	35,040	21,381	16,045
26	114,800	94,006	78,509	49,514	30,802	21,245
27	134,600	113,001	96,828	65,392	42,718	29,155

あり、最適費用は1万3,671円である。

問1　$p = 0.77$ の下での最適予約受け入れ人数を、Excel 表を作成して求めよ。
（略解）　表3.3 において、$p = 0.77$ とし、予約数を20人の場合から27人の場合まで計算を繰り返せば、表3.3 と同様の Excel 表を作成できる。

3.3　座席数240席の航空機への応用例

　座席数240席の中型ジェット旅客機がある。$p = 0.96$ として、最適な予約人数を求めよ。ただし、空席損害は1席 5,000 円、オーバーブッキングによる損害費用は一人2万円とする。

　表3.6 から計算した結果を図3.2 に示す。247人の予約をとれば、期待損害費用は最小の 20,479 円（空席損害費用 15,616 円 + オーバーブッキング費用 4,863 円）となることがわかる。これは、オーバーブッキングによる賠償費用が空席によって発生する費用よりも一人当たり4倍大きいために、多めに予約客をとるリスクがより高いからである。例えば、もう3人予約客を増やして 250 人とする場合、30,645 円（空席損害費用 6,129 円 + オーバーブッキング費用 24,516 円）となるが、このようにオーバーブッキング費用は急増していくのである（表3.7）。

3.3 座席数240席の航空機への応用例

表3.6 予約人数247人の場合

予約数			
247			
実際の客数	確率	空席による損害	空席による期待損害
210	0.000	150,000	0
211	0.000	145,000	0
(途中省略)			
227	0.001	65,000	90
228	0.003	60,000	175
229	0.006	55,000	319
230	0.011	50,000	545
231	0.019	45,000	867
232	0.032	40,000	1,275
233	0.049	35,000	1,724
234	0.071	30,000	2,121
235	0.094	25,000	2,347
236	0.115	20,000	2,291
237	0.128	15,000	1,914
238	0.129	10,000	1,287
239	0.116	5,000	582
240	0.093	0	0
		小計(1)	15,616

実際の客数	確率	オーバーブッキングによる賠償損害	オーバーブッキングによる予想損害
241	0.065	20,000	1,297
242	0.039	40,000	1,544
243	0.019	60,000	1,144
244	0.007	80,000	600
245	0.002	100,000	220
246	0.000	120,000	52
247	0.000	140,000	6
248	0.000	160,000	0
249	0.000	180,000	0
(途中省略)			
260	0.000	400,000	0
		小計(2)	4,863

小計(1)	15,616
小計(2)	4,863
合計 = (1) + (2)	20,479

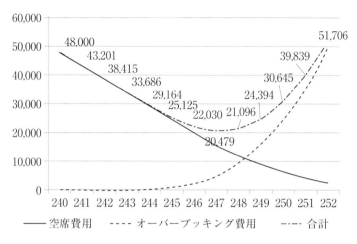

図 3.2　予約人数 247 人が最適

表 3.7　予約人数 247 人が最適

予約人数	空席費用	オーバーブッキングによる費用	期待費用計
240	48,000	0	48,000
241	43,200	1	43,201
242	38,403	12	38,415
243	33,613	73	33,686
244	28,871	293	29,164
245	24,224	901	25,125
246	19,766	2,264	22,030
247	15,616	4,863	20,479
248	11,899	9,197	21,096
249	8,719	15,675	24,394
250	6,129	24,516	30,645
251	4,128	35,711	39,839
252	2,661	49,045	51,706

3.3 座席数 240 席の航空機への応用例

問 2 客席 240 席のジェット旅客機がある。$p = 0.96$ として、次の条件のもとで最適な予約人数を求めよ。そして、本項で説明した数値例と比較検討せよ。

① 空席損害は 1 席 2500 円、オーバーブッキングによる損害費用は一人 1 万円とした場合。

② 空席損害は 1 席 5,000 円、オーバーブッキングによる損害費用は一人 4 万円とした場合。

(略解)

①においては、表 3.6 の問題設定の空席損害、オーバーブッキング損害のいずれもが半分になるから、すべての費用も半減するだけで、最適な予約人数は 247 人(総費用 10,239 円)となる。

②においては、表 3.6 の問題設定のオーバーブッキング損害が 2 倍の 4 万円となる。それだけ予約人数を多めにとることに慎重にならざるをえないため、最適予約人数は 246 人(総費用 24,294 円)と①より 1 人少なくなる。

付録 A

フローチャートの書き方

A.1 フローチャートの基本

　フローチャートを書くことは、記号によって計算手続きを明示できるというメリットがある。しかし、それ以上に、フローチャートには大きなメリットがある。業務の流れを「見える化」することで、仕事の生産性が高まるのだ。見える化したほうが確実に仕事の成果が上がる。

　フローチャートを作成する具体的理由としては、次の3点が挙げられる。

　① フローチャートを図示することは、計算手続きを見える化するため、文字よりわかりやすくなる。
　② プログラムの改良にも便利である。
　③ 大きいプログラムをフローチャートで書くと、流れがわかりやすいので、複数の人で分割して作業が行える。

　そして、フローチャートの作成基準としては次の3点がある。

　❶ フローの最初と最後を明記しなければならない。
　❷ 処理の手順は上から下に、左から右に流れるように接続線で結び、矢印をつける。
　❸ 接続線は交差しない。

A.2 主な記号一覧

　図A.1のフローチャートは携帯電話を操作するときの手順を示す。相手が出るかどうかの条件分岐で◇マークを使っている。相手が出れば(yes)話し、出なければ(no)戻る。

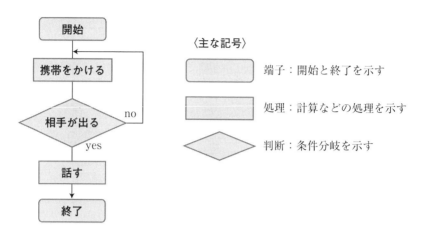

図 A.1 携帯電話を操作するときのフローチャート

A.3 処理構造

フローチャートでは「順次、分岐、反復」の3種類の構造を組み合わせて計算手順を表す(図 A.2)。

① 順次構造:順次に処理を上から下に流す構造である。
② 分岐構造:ある条件に合致しているかどうかで処理を分ける構造である。条件は"yes"つまり真か、あるいは"no"つまり偽かで示す。Excel では if 関数で示す。
③ 反復構造:ある条件に合致している場合は処理を繰り返すという構造である。図 A.2 の反復構造 1 は、条件に合致している間は処理を繰り返し、そうでなければこの処理から抜けるという流れになっている。反対に反復構造 2 は、条件に合致している場合は処理 1 に戻り、そうでなければこの処理から抜けるという流れになっている。前者は処理を行わない場合があるが、後者は必ず処理を行う。
④ 多重分岐構造:①と②を組み合わせたものである。条件に応じて処理が異なる構造となる。

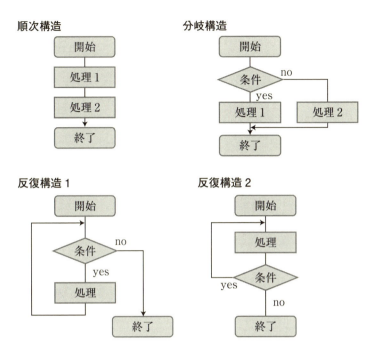
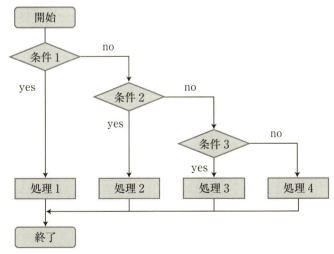

図 A.2　フローチャートの処理構造

付録 B

Excel の基本関数の説明

B.1 基本的な Excel の操作方法

Excel の操作については、自学自習用の多くの Web サイトに動画がアップされている。基本的にはこれらを参考にしてほしいが、本書で重要となる最低限の基本操作を記述したので参考にすることもできる。

① 連続番号の割付け

表 B.1 のように、セル番地 A1 とセル番地 A2 の範囲を指定し、範囲の右下にマウスポインターを合わせる。このとき、白十字マークが黒十字マークに切り替わる。セル番地 A4 までドロー＆ドロップすると、自動的に連続番号が割り付けできる。

表 B.1 連続番号の割付け例

	A	B	C			A	B	C
1	1				1	1		
2	2			⇒	2	2		
3					3	3		
4					4	4		

② 計算式

式の前に＝を入れる。例えば、セル番地 A1 〜 A3 の数値の合計をセル番地 A4 に表記する（表 B.2）。

表 B.2　試算式の入力例

	A	B	C
1	5		
2	10		
3	6		
4	=A1+A2+A3		

⇒

	A	B	C
1	5		
2	10		
3	6		
4	21		

③　関数の使い方

例えば、データの平均を求める場合には、関数 average を使用する（表 B.3）。このとき、入力する関数は大文字でも小文字でもよい。

表 B.3　平均の入力例

	A	B	C
1	5		
2	10		
3	6		
4	=AVERAGE(A1:A3)		

⇒

	A	B	C
1	5		
2	10		
3	6		
4	7		

④　コピーの仕方

コピーしたい範囲を選択して、右クリックしたうえで、コピーをクリックする。そして、貼付け範囲の左上セルをクリックする。このとき、貼付けのオプション 6 種類から一つを選択する（表 B.4）。

表 B.4　貼付けのオプション

貼付(P)　123(数値)　fx(関数)　行列入替　書式設定　リンク貼付

貼付(P)は一般的なオプションである。数値をコピーしたいなら「123(数値)」、計算式をコピーしたいなら「fx(関数)」を使う（表 B.5）。ちなみに行列入替には行と列を入れ替える機能がある。

表 B.5　コピーの例

	A	B	C	D	E	F	G
1	3	6					
2	2	8					
3	4	9					
4	3	7					

⇒

	E	F	G
1		3	6
2		2	8
3		4	9
4		3	7

⑤ グラフの出し方

描きたい図の元になるデータ範囲を選択し、「挿入」をクリックする。このとき、縦棒、折れ線、円などの種類を選択する。

⑥ べき乗

^ を使う。例えば、$\sqrt{25}$ は、=25^0.5 と入力し、$2^{4.239}$ は、=2^4.239 と入力する。

⑦ 数値は手入力せずに、セル番地を使用

手入力は間違いが多いので、セル番地を指定する。

⑧ 絶対番地

セル番地を $ マークで囲むと、コピーの際、番地が自動で変わらないよう指示できる。例えば、3×2、3×4、3×8、そして3×10を求めたい場合、すべてのB列のデータに対してセル番地 A1 をかけるとよい。$A$1 のような表記にするとうまく計算できる (表 B.6)。[F4] キーで絶対番地とすると簡単である。C1 に =$A$1 * B1 と入力し、これを C4 までドロー&ドロップする。C1 を =A1 * B1 としてこれをコピーすると間違える (表 B.6)。

表 B.6 絶対番地の入力例

	A	B	C		
1	3	2	6	←	=$A$1*B1
2		4	12	←	=$A$1*B2
3		8	24	←	=$A$1*B3
4		10	30	←	=$A$1*B4

正しい入力例

	A	B	C		
1	3	2	6	←	=A1*B1
2		4	0	←	=A2*B2
3		8	0	←	=A3*B3
4		10	0	←	=A4*B4

間違った入力例

B.2 if 関数

if(論理式,[真の場合],[偽の場合]) を使うことで、以下のような操作が可能となる。

- 例 1　if(75>=60,1,0)　→　1：論理式 75>60 は真なので 1 を出力する。
- 例 2　if(x>=60,"合格","不合格")：論理式 x>=60 が真ならば合格、偽ならば不合格と表示される。文字を入力するときは、ダブルコーテーション「""」で囲む。

- 例3 if(x>=90,"秀",if(x>=80,"優",if(x>=70,"良",if(x>=60,"可","不可")))):if関数を複数個使用している多重 if 関数である。

なお、if 関数において、偽の場合を省略することができる。このとき、「=if(75>60,1)」と入力すると、1 が表示されるが、「=if(30>60,1)」ならば論理式は満たされないので、false が表示される。

問 1 1 年と 2 年の総取得単位数が 50 単位以上ならば、3 年のゼミに進学でき、50 単位未満ならば進学できないとする。学生 5 人の単位数がそれぞれ「33」「45」「67」「78」「90」の場合、進学あるいは留年の判定を if 関数で作成せよ。

(略解) if 関数の論理式は単位数が 50 以上であり、真は進学、偽は留年である。等しいは =、以上は >=、超は >、未満は <、以下は =< が、それぞれに対応する記号となる。表 B.7 では、B2 に「=if(A2>=50,"進学","留年")」を入力し、作成した。

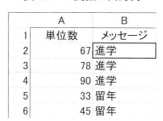

表 B.7 if 関数の出力例

問 2 米国の大学の成績評価の基準となる GPA では、90 点以上は 4、80 点台は 3、70 点台は 2、60 点台は 1、そして 59 点以下は 0 に換算され、この成績次第で留学できる大学が決まる。5 科目の素点がそれぞれ「59」「76」「80」「88」「95」の場合、これらを GPA に変換せよ。

(略解) if 関数を 4 個使用する。その式は =if(A2>=90,4,if(A2>=80,3,if(A2>=70,2,if(A2>=60,1,0))))
となる。出力すると表 B.8 のようになる。ちなみに、これをフローチャート化したものが図 B.1 である。

表 B.8 if 関数の出力例 2

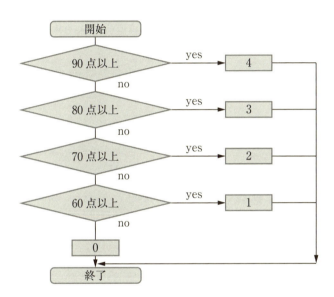

図 B.1 GPA 換算のフローチャート

B.3 vlookup 関数

vlookup（検索値，照合範囲，列番号，［検索の型］）を使うことで，一つの計算式のなかに多重的に if 関数を入れることができる。if 関数は最大 64 個重ねて使うことができるが，この場合，入れ子構造が「=if(論理式 1, 真, if(論理式 2, 真, if(論理式 3, 真, if(論理式 4, 真, if(論理式 5, 真, if(論理式 6, 真, if(論理式 7,……論理式 64, 真, 偽)))……)))」のように複雑になる。そこで，vlookup 関数を使って，検索のやり方を簡略化すると見通しが良くなる。

vlookup 関数を使う際の注意点としては以下の 4 点がある。

① 検索値とは，照合範囲の最も左側にある列であり，検索する値を示す。

表 B.9　検索値の入力例

照合範囲	
0	不合格
60	可
70	良
80	優
90	秀

② 例えば，表 B.9 のように入力する。必ず検索値は昇順に並べなければいけない。境界値については，例えば大学の成績評価では，60 点台は可，70 点台は良である。60 という境界値は，60 以上，70 未満の数値を意味する。したがって 69 という端数の評価点があればこれを可とするし，70 は良となる。検索値は「以未(以上未満)あり」と覚えておくとよい。「友達以上恋人未満」という言葉をイメージするとわかりやすいかもしれない。

③ 列番号は，照合範囲の左側から数えた列数で，例えば 2 ならば左から 2 列目を示す。

④ ［検索の型］は省略できる。ここで，true と入力すると自動的に「検索値と一致する最大値」あるいは「検索値が範囲にない場合，検索値を超えない範囲の最大値」を探してくれる。また，false と入力した場合は検索値と完全に一致した値のみを返す。

問 3　次の科目の点数を秀，優，良，可，不可で評価せよ。なお，0 以上〜60 未満は不可，60 以上〜70 未満は可，70 以上〜80 未満は良，80 以上〜90 未満は優，90 以上は秀とする。

　　「経営学：88」「統計学：90」「体育：75」「線形数学：71」「近代日本史：55」

(略解)　表 B.10 のセル番地 F2 に「=vlookup(E2, $A$2 : $B$6,2)」を入力し，下のセルへコピーすると自動的に出力結果が得られる。

問 4　都市ガスの一般料金および各家庭の使用量が表 B.11 のようになるとき，請求ガス料金を速算するワークシートを書け。なお，ガス料金の試算式は「基本料金＋単位料金×使用量」である。請求料金は 1 円未満切捨てとする。

(略解)　123.4 円を 1 円未満切捨てにするには，=rounddown(123.4,0) を入力する。
　　　　なお，数値の切捨て，切上げおよび四捨五入する際，使用する関数は次のとおりで

表 B.10　vlookup 関数の入力例

	A	B	C	D	E	F
1	点数	評価		科目	点数	評価
2	0	不可		経営学	88	優
3	60	可		統計学	90	秀
4	70	良		体育	75	良
5	80	優		線形数学	71	良
6	90	秀		近代日本史	55	不可

表 B.11　都市ガスの一般料金

	A	B	C	D	E	F	G	H
1	使用量	基本料金	単位料金		利用者	使用量 m³	計算料金	請求料金
2	0	745.2	192.18		山田	47		
3	20	1337.4	162.57		田中	80		
4	50	1595.9	157.4		中西	80		
5	100	2021.9	153.14		西田	800		
6	200	3423.9	146.13					
7	350	3738.9	145.23					
8	500	6818.9	139.07					
9	1000	7138.9	138.75					

基本料金は円／月、単位料金は円／m³

ある。

- 切捨て　=rounddown(123.4567, 3) と入力すると 123.456 と出力される。
- 切上げ　=roundup(123.4567, 3) と入力すると 123.457 と出力される。
- 四捨五入　=round(123.4567, 3) と入力すると 123.457 と出力される。

桁数の覚え方は簡単である。10^2 まで表示したいならば -2 とすればよい。例えば、以下のようになる。

- 切捨て　=rounddown(123.4567, -2) と入力すると 100 と出力される。
- 切上げ　=roundup(123.4567, -2) と入力すると 200 と出力される。
- 四捨五入　=round(123.4567, -2) と入力すると 100 と出力される。

以上より、表 B.11 の以下のセル番地には、それぞれ次のように入力すると、表 B.12 のように出力される。

- G2：=vlookup(F2, \$A\$2: \$C\$9,2)+vlookup(F2, \$A\$2: \$C\$9,3)＊F2
- H2：=rounddown(G2,0)

表 B.12 請求料金の速算表

	A	B	C	D	E	F	G	H
1	使用量	基本料金	単位料金		利用者	使用量 m^3	計算料金	請求料金
2	0	745.2	192.18		山田	47	8978.19	8978
3	20	1337.4	162.57		田中	80	14187.9	14187
4	50	1595.9	157.4		中西	80	20858.12	20858
5	100	2021.9	153.14		西田	800	118074.9	118074
6	200	3423.9	146.13					
7	350	3738.9	145.23					
8	500	6818.9	139.07					
9	1000	7138.9	138.75					

付録 C

「給与所得金額の速算表」および「所得税の速算表」

第1章で、「給与所得金額の速算表」(表1.2)および「所得税の速算表」(表1.13)を示し、それぞれについて解説した。これらの表は、給与所得から所得税を算出するうえで参照する必要があるため、下記、表C.1、表C.2として提示しておくので、参考にしてほしい。

表 C.1　給与所得金額の速算表(表1.2 再掲)

給与収入金額(A)	給与所得金額
65万1,000円未満	0
65万1,000円〜161万9,000円未満	A − 65万円
161万9,000円〜162万円未満	96万9,000円
162万円〜162万2,000円未満	97万円
162万2,000円〜162万4,000円未満	97万2,000円
162万4,000円〜162万8,000円未満	97万4,000円
162万8,000円〜180万円未満	B × 2.4
180万円〜360万円未満	B × 2.8 − 18万円
360万円〜660万円未満	B × 3.2 − 54万円
660万円〜1,000万円未満	A × 0.9 − 120万円
1,000万円〜1,500万円未満	A × 0.95 − 170万円
1,500万円以上	A − 245万円

B = A ÷ 4 (1,000円未満切り捨て)

出典)　国税庁「所得税及び復興特別所得税の確定申告の手引き」(https://www.hta.go.jp/tetsuzuki/shinkoku/shotoku/tebiki2013/pdf/02.pdf)の p.14.

注1)　給与所得控除の上限額が 2017(平成 28)年の所得税については 230 万円(給与収入 1,200 万超)、2018(平成 29)年以降については 220 万円(給与収入 1,000 万超)に引き下げられる。

注2)　簡易給与所得表(表1.4)は、上記表の一発早見表である。

表 C.2　所得税の速算表（2016 年以降）（表 1.13 再掲）

課税総所得金額(A)	税率(B)	控除額(C)
195 万円以下	5%	0
195 万円超～ 330 万円以下	10%	9 万 7,500 円
330 万円超～ 695 万円以下	20%	42 万 7,500 円
695 万円超～ 900 万円以下	23%	63 万 6,000 円
900 万円超～ 1,800 万円以下	33%	153 万 6,000 円
1,800 万円超	40%	279 万 6,000 円
4,000 万円超	45%	479 万 6,000 円

注1)　住民税は一律 10%である。所得割り市町村税 6%＋都道府県税 4%、および均等割り市町村税 3,500 円＋都道府県税 2,300 円となる。

注2)　課税所得金額は 1,000 円未満の端数切捨てで求める。

注3)　復興特別所得税額は、上記から計算した所得税額に 2.1%を乗じた金額を課される。赤字の場合はそのままの金額となる。

注4)　最終的に納める所得税は 100 円未満端数切捨てである。

参 考 文 献

第 1 章

1) 牛米努:「明治 20 年所得税導入の歴史的考察」、『税大論叢』56 号、税務大学校、2007 年
2) 二宮丁三:『改正所得税計算法』、経済社出版部、1920 年
3) 肥後治樹:「租税法における「配偶者」について」、『筑波ジャーナル』6 号、筑波大学大学院ビジネス科学研究科、2009 年
4) 近藤文二:『社会保険』、岩波書店、1963 年
5) 田中康男:「所得控除の今日的意義―人的控除のあり方を中心として―」、『税務大学校論叢』、第 48 号、2005 年

第 2 章

6) 木下光:「検証 有名住宅地その後(13) 千里ニュータウン(大阪府吹田市、豊中市)戸建住宅地の再生に向けて」、『家とまちなみ』、住宅生産振興財団、2008 年
7) 坂根工博:「中古住宅流通の現状と課題」、『住宅金融』、住宅金融支援機構、2014 年
8) 佐藤慶一:「家計から見た日本の住宅ローン市場の状況」、『住宅金融』、住宅金融支援機構、2012 年
9) 大類雄司:『住宅ローン 証券化のすべて』、格付投資情報センター、2006 年
10) 長期住宅優良ローン研究推進協議会:『次世代住宅ローンシステム構築に関する報告書』、価値総合研究所、2011 年

索　引

【英数字】

5分5乗方式　　76、77、86
Asset Liability Management　　117
if 関数　　26、37、137
JDR　　11
MMF　　8、10
MRF　　8
n 分 n 乗方式　　77
vlookup 関数　　26、37、140

【あ　行】

一時所得　　6、12、14、81
一般障害者　　39
一般生命保険料控除　　48
医療費控除　　46、51
医療保険料控除　　46
オーバーブッキング　　119

【か　行】

介護医療保険料　　48
外国為替証拠金取引（FX）　　13、15
外国税額控除　　80
介護保険料控除　　49
確定給付企業年金　　73
確定拠出年金　　73
確定申告　　22
課税所得金額　　1、22
割賦償還法　　95
寡婦控除　　38、40
寡夫控除　　38、42

株式投資信託　　8
簡易給与所得表　　23、26、27、31
元金（principal）　　93
　——均等返済の変形方式　　109
　——均等方式　　98、99、100
元利均等方式　　96、98、99、100
企業年金　　73
基礎控除　　31
基礎の人的控除　　31
期待損失（expected loss）　　119
寄付金控除　　46、53
給与収入金額　　1、20、22、23
給与所得　　1、6、12、23、81
　——金額速算表　　23、25、143
　——控除額　　23、24、30
　——者の扶養控除等申告書　　68
金銭信託　　6、7、10
勤労学生控除　　38、42、66
繰上げ返済　　100、103、106
クロヨン　　18
経常所得　　4、6
血族　　42
健康保険組合　　46
現在価値　　94
源泉徴収　　22
源泉徴収表月額表　　67、70
源泉徴収表日額表　　67、70
源泉分離課税　　7、84、85
公益社団法人等寄付金特別控除　　80
公社債投資信託　　8
公的年金保険　　44

公的扶助　　44
合同運用信託　　10
高齢者医療保険　　45
国民基礎年金　　72
国民健康保険　　47、64
　——料　　63、64
国民年金　　64
個人年金保険料控除　　49
国家財政　　3
固定金利　　92
雇用保険　　45、46
婚族　　42

【さ　行】

先物取引（futures trading）　　13
雑所得　　6、13、14、81
雑損控除　　46、53
サブプライムローン　　116
山林所得　　6、12、81、86
支給要件児童　　35
事業所得　　6、12、81
地震保険料控除　　46、49
児童手当　　35
社会福祉　　44
社会保険制度　　21、44
社会保険料控除　　46
社会保険料の適用範囲　　67
住宅借入金等特別控除　　80
住宅資産　　89
住宅ローン　　97、112、116
住民税　　2、22、58
受託証券　　8、11
順次構造　　132
障害者控除　　38

奨学金　　16
小規模企業共済等掛金控除　　46、55
証券不祥事　　9
譲渡所得　　6、12、81
将来価値　　94
所得控除　　31、80
所得税・復興特別所得税　　61
所得税速算システム　　2、4、25、30、
　　79、82
所得税速算表　　144
所得の種類の覚え方　　6
申告分離課税　　84、85
震災関連寄付金　　54
信託　　7
人的控除　　1、31
垂直的公平性　　17
水平的公平性　　16
税額控除　　1、79
生活保護法　　42
政党等寄付金特別控除　　80
生命保険料控除　　46、47
全国健康保険協会　　46
総合課税　　1、2、17、19
損益通算（profit/loss offset）　　18、19
尊属　　42

【た　行】

大学生のアルバイト収入　　65
退職所得　　6、12、81、86
宝くじの当選金　　16
多重分岐構造　　132
担税力　　16、17
単利　　93
直接税　　2

妻が超えるべき三重の壁　64
定額貯金　6
デフォルト(債務不履行)　8
同居特別障害者　40
投資信託　6、7、8
特金　9
特定寡婦控除　40
特定寄付金　53
特別控除　31
特別障害者　40
特別の人的控除　31、38

【な　行】

二項分布　119
日本国憲法第25条　31
日本国民の三大義務　2
認定NPO法人等寄付金特別控除　80
年末調整　21
能力説　16
ノンリコースローン　116

【は　行】

配偶者控除　31、33
配偶者特別控除　33、63
配偶者の定義　34
配当控除　80、86
配当所得　6、7、10、80、85
はずれ馬券裁判　14
反復構造　132
非経常所得　4、6
卑属　42
夫婦の年金分割　74
複利　94
復興特別所得税　58、61

物的控除　1、31
不動産所得　6、12、81
扶養控除　31、34、35
フローチャート　38、131
プロ野球選手の入団契約金　76
分岐構造　132
分離課税　1、2、17、18、19、80
平均課税　74、76、77
変動金利　92、100
変動所得　74、76
ボーナス返済　109
保険　43
保健衛生　44
保証会社　113
保証人　112
保証料の基本的な計算方式　113

【ま　行】

民間保険　43

【ら　行】

利益説　16
リコースローン　116
利子(interest)　93
利子所得　6、7、10、81、85
臨時所得　74、76
累進課税　1、58
連帯保証人　112
労災保険　45、46
労使折半主義　44、46、72
老年者控除　38

【わ　行】

割引率(discount rate)　95

著者紹介

福井 幸男（ふくい　ゆきお）
関西学院大学　商学部　教授，経済学博士

1971年	関西学院大学経済学部卒業
1978年	関西学院大学大学院経済学研究科博士課程満期退学
1992年	関西学院大学商学部教授
2014年	一般社団法人日本生産管理学会会長
著　書	『統計学の力』『知の統計学1』『知の統計学2』『知の統計学3』（いずれも共立出版）、『新時代のコミュニティ・ビジネス』（御茶の水書房）、『情報システム入門—社会を守る暗号セキュリティ編』（日科技連出版社）など
論　文	Econometrica, Economics Letters, Production Management に収載.

知の情報システム
―リスク計算とキャリアデザイン―

2015年3月23日　第1刷発行

検印省略

著　者　福井　幸男
発行人　田中　健

発行所　株式会社　日科技連出版社
〒151-0051　東京都渋谷区千駄ヶ谷5-15-5
DSビル
電話　出版　03-5379-1244
　　　営業　03-5379-1238

印刷・製本　株式会社中央美術研究所

URL http://www.juse-p.co.jp/

Printed in Japan
© Yukio Fukui 2015
ISBN 978-4-8171-9546-3

本書の全部または一部を無断で複写複製（コピー）することは、著作権法上での例外を除き、禁じられています。